武汉大学大学生学科竞赛A类立项项目"2009—2021年武汉大学成图大赛"

武汉大学实验室与设备管理处开放实验项目"2013年武汉大学成图五年实践教学成果展"

武汉大学实验室与设备管理处开放实验项目"2021年武汉大学成图十二年实践教学成果展"

广西华蓝设计（集团）有限公司资助

2009—2020
"高教杯"全国大学生成图创新大赛

詹平　主编

武汉大学成图大赛十二年实践教学成果汇编

武汉大学出版社

图书在版编目（CIP）数据

武汉大学成图大赛十二年实践教学成果汇编/詹平主编 . —武汉:武汉大学出版社,2021.11
ISBN 978-7-307-22719-4

Ⅰ.武…　Ⅱ.詹…　Ⅲ.武汉大学—数字化制图—教学研究—成果—汇编
Ⅳ. ①P283.7　②G649.21

中国版本图书馆 CIP 数据核字（2021）第 232180 号

责任编辑:陈　红　　责任校对:李孟潇　　版式设计:韩闻锦

出版发行:**武汉大学出版社**　　（430072　武昌　珞珈山）
（电子邮箱:cbs22@whu.edu.cn 网址:www.wdp.com.cn）
印刷:武汉精一佳印刷有限公司
开本:880×1230　1/16　印张:10.5　字数:217 千字　插页:2
版次:2021 年 11 月第 1 版　　2021 年 11 月第 1 次印刷
ISBN 978-7-307-22719-4　　定价:158.00 元

詹平，男，1965年生，副教授，硕士生导师。专业研究方向为数字制图技术、虚拟现实技术。曾担任：武汉大学图学中心副主任、支部书记；武汉大学城市设计学院实验中心副主任；湖北省图学协会委员、常任理事；中国图学会制图技术专业委员会委员。

作者从事工程制图基础课程的本科教学工作34年。在长期的教学实践中形成了自己独特的教学模式，深受学生好评。从2009年开始，作者主持与开展武汉大学成图理论与技术图学教学改革项目，通过十多年成图实践教学改革实践，立足本职教学岗位为武汉大学双一流人才培养做出了自己的贡献。

2009—2021年获"高教杯"成图大赛优秀指导教师一等奖15项，二等奖21项；

2011年获教育部高等学校工程图学教学指导委员会"图学创新与教育名师"奖；

2010年、2011年、2018年获教育部高等学校工程图学教学指导委员会"突出贡献"奖；

2018年获武汉大学教学业绩奖；

2021年获武汉大学杰出教学贡献校长奖。

忠诚党的教育事业的楷模

教学一线获校长奖的榜样

武汉大学董事会董事

巨成结构股份公司董事长

二〇二一年十一月二十九日

武汉大学的图学教育是中国高校图学教育创新实践的楷模！

励精图志道山学海

邵立康：

中国人民解放军陆军炮兵防空兵学院教授；

教育部高等学校工程图学课程教学指导分委员会顾问；

中国图学学会常务理事、制图技术专业委员会第五至七届主任委员、第八届名誉主任；

『高教杯』全国大学生先进成图技术与产品信息建模创新大赛组委会主任。

邵立康

2021.11.8

树魂立根谱图学教育华章

诚图大赛话实践创新硕果

二〇二二年十一月 陶冶

陶冶：

华南农业大学教授，硕士生导师，

广东省工程图学学会副理事长；

中国工程图学学会常务理事、制图技术专业委员会第八届主任委员；

『高教杯』全国大学生成图创新大赛第一届至十四届组委会 秘书长

再展宏图

砥砺前行

华蓝设计（集团）有限公司

总经理 莫海量

公 开 信

致武汉大学成图创新教学实践指导教师与培训学员

武汉大学先进成图理论与技术教学实践活动已完成了五年的轮回，我感同身受的是2011届一学员培训的感言："这是我过的最充实、最有意义的暑期，也将是我人生最宝贵的大学四年光阴中最闪亮的记忆。"这五年的教学实践也是我教师职业生涯中最有意义的一段经历。

首先要感谢的是成图理论与技术教学团队的各位同仁！让我感动的是各位同仁的职业献身精神。作为基础课的教师，特别是教育发展历史形成的特殊教学群体——工程图学教师，现如同折断翅膀的雄鹰，尽管职业上有太多的不如意，但为了图学教育的发展，为了推动武汉大学图学教育教学的改革，我们走到一起，共同经历了五年的"风雨"历程，大家牺牲了大量的周末、暑期的休息时间，全身心地投入武汉大学先进成图创新教学实践中，为教学团队建设、成图教学的探索与发展付出了巨大的努力，成图教学实践五年来的丰硕教学成果是你们努力付出，献身教育事业的真实写照！

还要感谢的是每位成图培训的学员！武汉大学成图创新教学实践历时近半年，共有为期二个半月的基础培训及一个月的暑期赛前培训，跨越暑期的两个阶段。成图培训是连续不间断高强度的训练，校级选拔赛是严肃的，也是严酷的。团队师生一心，共同拼搏，用自己的汗水抵御了高温酷暑，教师的职业献身精神感染了学生，同学们努力拼搏、锐意进取的学习态度感动了教师。艰苦的培训不再是枯燥、乏味的，而是富于激情和动感的！面对课堂上一双双渴求知识的眼睛、挥汗如雨的莘莘学子，翻看着学生们的优秀成果，老师们实在是无法割舍任何一个学生，你们是成图教学团队前进的动力源泉。

作为培训团队负责人的我有着深深的感触，面对这样一群可爱的同学、武汉大学学生中的精英们，面对他们的真诚付出，却无法带领所有同学去征战赛场，去实现他们的光荣与梦想，我的内心总是带有深深的愧疚。我们一起共同努力来打造武汉大学的"黄埔军校"，你们在这经受了"热"与"火"的洗礼，希望你们从我们培训团队获得的不仅仅是知识，更重要的是一种精神的传承；你们在这里锻炼了毅力，形成了团队协作精神，夯实了专业技术基础，提高了自身综合素质；你们在用自己的汗水和努力诠释着武汉大学"自强、弘毅、求是、拓新"的校训精神。我会努力记住你们每一个人的名字，也请你们能记住我，记住每一位值得你们尊敬的老师。今天，你们以是武汉大学的一名学生为荣，将来，你们一定会让武汉大学以你们为骄傲！

诚然，正如肖念、孙崇正先生在大学教学改革的定义中所提到的，教育教学改革的实践离不开实践主体的主管部门给予政策、策略和措施的支持。作为基础课程的教学改革实践活动，从项目立项、教学探索直到五年后的今天，一直得到了武汉大学相关职能部门及学院的大力支持与肯定，武汉大学先进成图理论与技术教学团队才能够成功地走到今天！

城市设计学院　詹平

2013. 10. 28

2020年成图十二年之际感言

2021年3月22—28日，武汉大学城市设计学院的成图教学团队在工学部主教小广场举办了武汉大学成图创新设计大赛十二年教学成果展。这是本人个人举办的第四次大型成图实践活动展览。为这个展览，我做了十年的资料准备，前后历时四年，才完成所有148块版面制作。这个展览算是向武汉大学、武汉大学本科生院及多年来支持我们成图的各级领导和老师做一个阶段性总结汇报；也为我本人作为图学基础课程教师的职业生涯画上了标志性的符号。

"庙小无僧风扫地，天高有佛月点灯。"我觉得这副楹联能够很贴切地描绘我们成图团队十二年的发展历程。武汉大学成图团队为此付出十二年的巨大努力和牺牲。作为基础课教师，我们是一群"不忘初心，牢记使命"默默无闻的践行者；在武汉大学是一种"唐吉诃德"式的教师群体，执着地坚守着图学教育教学的最后荣耀。成图团队的每一位指导教师都是值得尊敬的老师，我们所做的工作没有值得炫耀的华丽篇章，就像绘制出的一张工程图纸，平凡而富于内涵。作为基础课的教师就必须有"但行好事，莫问前程"的觉悟；匹夫不可夺志，工程图学的教师也有着自己质朴的职业追求。

诚然，如肖念、孙崇正先生在大学教学改革定义中所述，教育教学改革的实践离不开实践主体的主管部门给予政策、策略和措施的支持。我们成图团队有幸存在于武汉大学，作为基础课程的教学改革实践活动，从项目立项到十二年后的今天，一直得到了武汉大学及相关学院的大力支持与肯定，武汉大学成图理论与技术教学团队才能够成功地走到今天。特别感谢武汉大学本科生院实践办各级领导以及武汉大学实验室与设备管理处各级领导对成图团队的大力支持；同时，也衷心地感谢我们成图团队的每一位指导教师同仁的努力付出。

从2009年武汉大学举办第二届"高教杯"全国大学生先进成图与产品教学创新大赛开始，武汉大学成图实践活动披挂上了十二年的金色年轮。"十年树木，百年树人。"十二年弹指一挥间，但一切过往任然历历再现在我的脑海。2009年第二届国赛在武汉大学举行，尚涛教授从中国图形学会接受任务，城市设计学院举全院之力成功地承办了整个赛事，开创了成图竞赛真正走向全国性学科竞赛的新起点。十多年来，在制图技术专委会邵立康主任、陶冶秘书的组织和带领下，全国高校图学界逐渐凝聚了一批教学竞赛的教师团队，"高教杯"全国大学生成图创新大赛在参赛学校、参赛学生人数、竞赛模式、竞赛管理等诸多方面不断提升，2018年被正式列入全国高校学科竞赛排行榜。

武汉大学成图实践活动正是基于整个平台才得以开展。我们拓展的是一条通过"竞赛式"图学教育实践教学体系改革，立足于图学学科服务武汉大学高层次人才培养之路。为准备武汉大学十二年实践教学成果展览，我先后花费四年的时间制作完成了武汉大学建筑、土木、水利、机械四个团队成图学员毕业去向统计表，统计显示武汉大学成图学员毕业生中90%的国赛队员保研到国内一流高校或出国深造。在历届"高教杯"竞赛中，武汉大学代表队都有不俗的战绩，这组学生毕业数据是我和我的团队这十二年取得的最大成果。在这十二年中，我和团队指导教师每年有大半年牺牲自己周末和暑期的休息时间，开展成图系列教学培训；我们和历届成图学员一起北至哈尔滨感受东北的夏日、南下广州经受台风的洗礼、东去上海见识国际大都市的繁华、西达兰州放眼西北的苍茫和高远；我们师生一起跨过重重成图技术的书山，穿越过茫茫全国竞赛的人海，凭着艰苦、严格的训练成效，征战全国各个高校，为武汉大学挣得了荣誉、让学生自己证明了实力！十多年的艰辛、坎坷经历无法用言语来描述，但能陪伴这么多武汉大学精英一起成长，让我仿佛忘却年龄，回到了自己激情燃烧的年轻岁月。成图教师团队这么多年的付出是无法用金钱或个人的得失来衡量的，只能是达到的某种职业境界和产生的一种超出职业的情怀！抑或从另外一个角度来通俗地解释为"入戏太深"！这也可以按照"宿命论"来解释，冥冥之中一切皆是命运的安排吧！2021年的成图成果展上，我仍然保留了一块2013年"给成图学员的一封信"的版面，版面上所示的这个时间节点，以及2021年是武汉大学成图竞赛的第十三届、是"高教杯"成图大赛的第十四届的时间节点，按现今说法似乎预示着我一生的职业生涯与成图项目注定密不可分；与成图学员注定的一生一世的师生之缘吧！所以，我和历届的毕业生都还保持着联系。他们都像我自己的孩子一样，他们的成长是我这个"家长"最大的慰藉和回馈。

"老兵不死，只会逐渐凋零。"这句经典很好地概括了我们这代图学教育者的职业命运。武汉大学成图团队的教师怀着犹如楚人卞和刖足献璧的职业献身精神，积极主动地肩负起图学教育改革的历史使命，立足于信息时代计算机成图技术发展的背景和大学教育教学体制改革的现状，推陈出新地架构现代工程图学教育教学的课程体系，更新教学理念、改革教学内容与教学模式、推进教学手段和措施的变革，走出了一条图学教育教学体系改革的创新之路。

目　　录

第一章　武汉大学成图实践教学体系建设

武汉大学先进成图理论与技术课程体系建设

简　介

工程图学作为一门理工类专业的基础课程，在本科生的教学培养体系中占有无法被取代的重要地位。随着计算机技术飞速发展，工程图学课程体系中某些图示理论与方法的作用已被弱化，而计算机二维、三维成图技术成为工程设计图示表达的主要技术手段。在国家主导推动科技界的自主创新，实现从制造大国向创造大国转变的新时代背景下，计算机成图技术理应成为工程图学课程体系的重要内涵。从图学学科发展的角度上讲，计算机二维、三维成图技术与传统工程图学有机地结合，正在孕育出符合时代发展的新的图学教学体系，因此，工程图学应被重新定义为现代工程图学。

现代工程图学给传统的图学本科教学带来了全新的变化与冲击，同时也给予了图学教育教学改革的机遇，带给图学教师新的挑战。我们不应消极去应对大学教学变革与图学学科发展带给图学教学的冲击，而是要在本科教学实践中积极、主动地去探索图学教学改革的新思路与新途径，从教学理念、教学模式、教学方法、教学手段上进行教学体系全方位的变革与创新，以适应图学学科发展与教学改革的需要，切实推进图学本科教学水平与教学质量的提高。

由教育部高等学校图学教学指导委员会等单位举办的"高教杯"全国大学生先进成图技术与产品信息建模创新大赛（简称"高教杯"全国大学生成图创新大赛），为武汉大学图学教育教学的改革带来一次新的契机。武汉大学先进成图理论与技术教学团队将"高教杯"全国大学生成图创新大赛作为引导，举办了十三届武汉大学校级成图创新大赛的教学实践活动。通过将这种大学生学科竞赛实践活动与工程图学本科教学有机地融合，建立武汉大学成图理论与技术课程体系和高效的竞赛式教学机制，创立了现代工程图学的"第二课堂"；以武汉大学校级成图创新大赛作为完成实践教学环节的平台，对学生进行系统、规范的成图教学培训，并通过"高教杯"全国大学生成图创新大赛检验武汉大学先进成图理论与技术教学实践的教学成效。

武汉大学先进成图理论与技术教学团队的宗旨：培养具有严谨科学态度、深厚专业基础、掌握先进成图技术的"三创"型设计人才。武汉大学先进成图理论与技术课程教学实践以夯实本科学生专业基础、提升三维设计能力为主线，按照"以学科竞赛促进本科教学"的思路，引入竞赛式教学机制，将受众从被动从教的地位变为积极主体，突破了基础学科传统教学模式，系统全面地进行先进成图理论与技术课程体系建设，探索出一条积极推动本科图学教育教学改革和学科发展的新途径。

武汉大学先进成图理论与技术课程体系建设
指导思想与建设思路

● 先进成图理论与技术课程体系建设的指导思想

先进成图理论与技术课程体系建设的指导思想是探索一条现代工程图学本科教学改革与创新的新途径，通过将大学生创新教学实践活动与图学本科理论教学有机地衔接与融合，创立现代工程图学的"第二课堂"。以夯实本科学生专业基础为基本点，提升本科学生计算机二维与三维设计技能及其专业设计应用水平为主线，建设一套完整的先进成图理论与技术课程体系，作为现代工程图学本科教学的拓展体系，切实有效地推进武汉大学图学教育的改革与发展。

实现中国由制造向创造、由模仿向创新、由大国向强国的跨越式发展的中国梦，建设世界一流的创新型国家，要求大学培养的是创新复合性人才。因此，武汉大学先进成图理论与技术课程体系建设在加强专业基础知识理论教育，提升学生专业设计能力、快速应用知识和技能的能力的同时，注重加强以及培养学生的团队意识、自主创新意识、组织与沟通能力、团队协作精神。

● 先进成图理论与技术课程体系的建设思路

作为图学教育教学的主体，只有通过增强图学教师团队创新的自觉性，变"要我创新"为"我要创新"才能积极主动地应对图学学科的特点和学科的发展与学校教学改革之后图学教学体系发展迟滞的矛盾，改变现有图学教学体系长期墨守成规、踯躅不前、被动僵化的现状，在创新中战胜挑战、赢得图学教育在本科教学体系中的发展空间。

首先是作为图学教学的教师团队——大学教育发展历史阶段形成的特定基础教育的教师群体，必须具备图学教学改革的自觉性和主动性。在面对图学教育发展的关键时期，需要图学人具备职业献身精神，积极主动地肩负起图学教育改革的历史使命。

其次，作为专业技术基础的图学教育，不能一味"等、靠、要"地依赖学校给予政策性的倾斜与扶持，而是应立足于信息时代计算机成图技术发展的背景和大学教育教学体制改革的现状，推陈出新地架构现代工程图学教育教学课程体系的范畴，更新教学理念、改革教学内容与教学模式、推进教学手段和措施的变革，走出一条图学教育教学体系改革的创新之路。

现行图学教学体系中存在的问题

　　近十年来，图学本科教学在高校本科教学培养体系中处于十分尴尬的地位。一方面是随着计算机技术的迅猛发展，先进成图理论与技术在设计行业已逐渐成为主流设计手段，工程设计与研究单位对学生掌握三维设计技能层次与水平的要求越来越高，而另一方面在现实教学实践过程中，存在着现代工程图学学科要求与现有教学管理体系之间的矛盾，使得现代工程图学难以在现行教学管理体系下得到适合图学学科教学需求的准确定位，主要表现在以下几个方面。

● 图学本科学科教学特性被忽略

　　国内高等院校均在实施"宽口径、厚基础、高素质"的教学改革，实行大类招生，在一、二年级打通专业，本科教学中增设大量专业课程，作为基础课程的工程图学的学时被大量缩减；同时图学课程设置多安排在第一学期，在三个月左右的时间内完成。而工程图学最基本的任务之一是培养学生空间想象、空间思维的能力，这种能力的形成有一个"时效性"的问题，需要经过一定时、量的训练，让学生通过阶梯式的提升，逐步形成这种能力。虽然多媒体技术在教学中的运用，能够有效地提高课堂教学效率、提升教学效果，但依然无法改变现实教学中"填鸭式"的教学模式所带来的弊端，无法从根本上突破整个教学过程"教师教得累、学生学得苦"的现实局面。

● 图学在本科教学体系中的作用被弱化

　　工程图学对学生的培养不仅仅是对制图的基本知识、制图国家标准、制图规范的学习与理解，教授学生基本的视图与绘图方法，这些只是工程图学的基本任务。图学中精髓的东西是随着图学课程的展开，引导学生逐步建立工程性思维，即整体性考虑问题，系统化划分问题的层次，运用理论去分析与研究解决问题的途径、方法及步骤，形成对最终成果的总体预判，让学生学会用开放复杂的系统观念，从定性到定量的综合集成的方式来研究整体性问题。另外通过手工图示严格训练，可以让学生直观地了解与掌握制图基本知识、增强对专业结构的感性理解；更重要的是逐步训练与培养学生严谨、细致的工作作风和治学态度，如同部队对新兵的队列训练科目，图学教育有着对工程师素质的培养不可或缺的作用。各个层次的学校培养学生的目标层次是不一样的，图学教育在不同层次高校的教学体系中，也应有着不同的定位标准。笔者认为，目前国内一流高校中普遍存在对图学教育作用与地位认识不清的现象，并且弱化图学教育培养学生专业基础、工程师素质的功能，这是与学校培养高层人才的办学宗旨相背离的，这种危害会潜移默化地汇集、显现在学生后期培养阶段，从而最终影响高校培养高层次创新型人才目标的实现。

● 计算机成图技术与传统工程图学缺乏有机的结合机制

　　目前国内高校传统工程图学与计算机二维、三维成图技术的融合方式有融入式、分段式、独立式和 CG 主导式四种模式。武汉大学图学教学的现状是仅少数学院将计算机二维课程融入图学教学中，其他学院在二、三年级独立开设了计算机二维课程；少数学院在高年级才独立开设三维课程。这里暂且不论哪种设置课程的形式更具有合理性，重要的是应首先认识到是计算机成图技术课程与工程图学的一体性，将两者独立分开是不符合教学规律的；其次，应认识到理论型课程与技术应用型课程之间特质的差异；最后，是前述的三种教学模式都会因学时的限制，难以注重学生对软件的应用实践环节，而这恰恰是学习计算机成图技术的关键环节。由于这种新老体系结合机制不当，最终的成图技术教学要么仅能使得学生对计算机成图技术的掌握停留在表层肤浅阶段，要么仅满足学生修专业学分的需求，难以使受众通过课程学习达到较高的专业技术应用层面。

● 学生三维设计实践技能

　　由于教学体制的影响，在国内高校本科培养体系中对学生计算机成图技术教育较为薄弱，特别是与高职、高专学校的差距较大，与科研、设计单位对本科生掌握高层次专业技术能力的要求愈来愈脱节。随着计算机成图技术的不断发展，一类高校学生高层次成图技术缺失的问题愈显严重，直接的影响是对学生专业课程的学习产生不利因素，同时使学生在进行创新实践、科学研究活动中也缺乏有力的技术支撑。

　　综上所述的这些问题对培养高层次的、创新型人才培养是极为不利的因素。如何在现有工程图学教学体系的基础上，创立一种切实有效的途径，解决现实图学本科教学中的矛盾与瓶颈问题，通过教学理念重新定位、创新教学模式、为学生搭建教学实践的平台，夯实学生专业基础、提高专业素养，成为现代工程图学学科发展亟待解决的教学课题。

武汉大学先进成图理论与技术课程体系建设

主 要 内 容

● 教学体系服务方向定位

武汉大学先进成图理论与技术课程体系教学服务主要是针对一、二年级学生群体,以夯实其专业基础、提升三维设计技能为教学目标。将竞赛机制所特有的"动力源泉"注入成图教学体系中,形成一种"以赛促教"(以竞赛实践活动促进本科教学)的教学特色,拓展与创新一种高效的"竞赛式"现代工程图学教育教学体系,同时也使得图学学科竞赛的实践活动更为规范化、系统化。

● 教学大纲制定

武汉大学先进成图理论与技术的教学涉及建筑、土木、机械、水利四个大的专业类别,教学内容涵盖图学基础、二维CAD绘图基础、三维建模设计基础、专业结构图示表达、专业结构CAD技术与专业结构三维建模技术等教学科目,按照本科教学的模式建立整个成图理论与技术实践教学体系。

图学基础与专业结构图示表达课程教学大纲在图学本科教学培养的基础之上,侧重于对学生有关制图标准、专业结构的分析、专业图示表达方式知识的全面提升与系统化训练,以及手工绘制专业结构图技巧性训练;二维CAD绘图基础和三维建模设计基础的教学大纲立足于让学生掌握二、三维绘图软件基本功能,达到熟练、快速运用的层次,并注重快捷的使用与绘图技巧的训练;专业结构CAD技术与专业结构三维建模技术的教学大纲立足于训练学生快速阅读专业图的能力,绘制专业设计图的方法与技巧,制作专业结构三维的方法与技巧以及后期效果处理,并以"高教杯"竞赛机制作为培训大纲的引导标志。

● 教学计划与教学管理

武汉大学先进成图理论与技术的教学实施分为基础培训、专业及竞赛培训2个阶段,第一阶段为学年度下学期及暑期,利用晚上、周末时间开课;课程包括图学基础、二维CAD绘图基础、三维建模设计基础3个科目,涉及4个专业类别9门课程;课程安排含教师讲授与学生实践2个环节。第二阶段开设在暑期,也成为赛前培训阶段;课程包括专业结构图示表达、专业结构CAD技术与专业结构三维建模技术3个科目,涉及4个专业类别9门课程;课程教学安排含教师讲授、学生自主训练、学生团队总结、教师讲评、竞赛模拟5个教学环节。

● 教师团队组建

武汉大学先进成图理论与技术教师团队由具有丰富教学经验的一线教师组成,共有建筑、机械、水利、土木4个专业类别的教学小组,每个专业组的授课教师小组一般由1名图学教师和1名三维设计教师组成,其中图学教师负责图学相关课程以及二维计算机绘图部分的教学,另外每组配备1名教授,作为教学督导参与团队整个教学实践活动。

● 培训团队组建

按照"精英工程师"的培养思路，通过举行武汉大学校级成图创新大赛，从各专业的工学学生群体中筛选一批优秀学生，组建武汉大学校级竞赛培训团队，按建筑、机械、水利、土木4大专业类别分别按常规教学编制组建4支学生团队；通过引入高效的"竞赛式"教学机制，严格规范的教学组织与管理，在各学生团队中设立学习小组，加强学生自主学习意识与团队协作精神的培养，夯实学生的专业基础、拓展专业知识结构、提升快速掌握成图技术及其专业应用能力，使得培训学员的综合素质能得到全面协调发展。在举行武汉大学成图创新大赛决赛后，挑选优秀学生组成"高教杯"成图创新竞赛团队，进行为期一个月的赛前竞赛培训，并代表武汉大学参与"高教杯"大赛。

● 竞赛团队管理

武汉大学先进成图理论与技术教学实践学生竞赛团队的管理，是按整个教学活动的时间节点实施分段管理。在每年3月活动启动阶段，通过各学院学生会系统进行活动宣传、报名组织工作；活动信息交流的渠道有学生年级QQ群，学校网站。3月中旬举行武汉大学成图创新大赛初赛，由教学团队指导教师与教学督导组成评阅卷小组，挑选第一培训阶段学生，并在3月底到6月底，开展第一阶段各类课程的基础培训教学环节；在学生培训团队建立各队QQ群，由班长全面负责学生事务性管理，协助团队领队、指导教师、教学督导进行团队管理；在团队内建立学习小组，小组长负责掌控小组成员的学习情况，建立严格的考勤制度、平时成绩考评登记制度以及教学督导巡课制度，严格教学流程的管理；6月底举办武汉大学成图创新大赛决赛，引入淘汰机制，以竞赛成绩、平时成绩、考勤作为综合评判指标，对综合评判不达标的学生予以淘汰，对合格学生给予各级校级奖励，并筛选优秀学生组成"高教杯"全国大赛竞赛代表队，进入第二阶段培训；在第二阶段赛前培训期间，建立严格地小组学习机制，将学生自主学习环节提升到与教师授课同等地位，将由组长负责组织与教师进行教学交流、小组自我总结、自主训练、集体讨论的教学环节穿插在整个教学周期中，充分调动学生学习的积极性与主动性。

● 教材建设与成果推广

成图理论与教学实践活动是一种新的教学体系探索，且这种教学还具有参与竞赛的特殊的教学目标要求，没有适合的配套教材可以采用。通过前两三年教学实践的摸索，团队积累了大量的教学素材，目前基本完成教学素材的电子化工作，出版《3DMAX基础教程》一部、完成《水利CAD基础实验教程》《建筑CAD基础实验教程》《水工结构三维模型制作案例》《建筑三维模型制作案例》《Pro-E基础实验教程》的初稿撰写工作。

每年"高教杯"大赛之后，团队均组织指导教师与参赛队员座谈交流竞赛与培训中的经验得失，收集并整理教学资料与学生成果；通过新闻报道的形式及参赛队员在各学院新生教育活动中宣传武汉大学成图创新教学活动，扩大项目在学生群体中的影响；2011年举办武汉大学成图创新教学实践3年来的学生成果展，取得了一定辐射宣传效应；2013年，团队系统整理了5年来教学团队建设成果、挑选一批学生优秀作品，制作80块宣传版面，在11月上旬进行武汉大学成图创新活动展，对5年来整个教学实践做了系统总结、全面的介绍和展示。

	报名启动阶段	●时间节点：3月初—3月中旬 ●主要工作：项目宣传、动员，校级初赛报名组织
武汉大学 成图创新大赛	校级竞赛初赛	●时间节点：3月中旬 ●主要工作：组织校级初赛诚信考试、评阅卷； 遴选培训成员并组队
	第一阶段培训	●时间节点：4月初—6月下旬 ●主要工作：第一阶段教学组织、教学计划安排； 开设工程图学、二维及三维建模3类 共9门课程基础培训；团队教学管理
	校级竞赛决赛	●时间节点：6月下旬 ●主要工作：组织校级决赛考试、评阅卷； 挑选"高教杯"竞赛成员并组队

工作流程

	第二阶段培训	●时间节点：7月初—8月下旬 ●主要工作：第二阶段教学组织、教学计划安排； 开设专业结构表达、二维绘图及三维 建模3类共9门课程基础培训，开展竞 赛针对性训练；团队教学管理；"高 教杯"竞赛报名组织工作
"高教杯" 全国大学生 成图创新大赛	团队自主训练	●时间节点：7月初—8月下旬 ●主要工作：与培训教学穿插进行，组织学生团队 以小组为主体，开展学习讨论、专题 研究、经验技巧交流、阶段性总结、 小组训练等自主学习环节
	竞赛模拟训练	●时间节点：8月上旬 ●主要工作：按照"高教杯"竞赛机制，有针对性 地组织学生进行赛前模拟训练，结合 模拟后教师讲评、学生讨论总结科目， 着重训练作图技巧、提升作图速度
	"高教杯"比赛	●时间节点：8月下旬 ●主要工作："高教杯"参赛组织、行程安排，带 队参赛及竞赛期间团队管理

	赛后总结阶段	●时间节点：9月上旬 ●主要工作：组织各队学生与指导教师进行赛后总 结，研讨整个培训与竞赛环节的教学 得失、竞赛经验与心得；竞赛培训资 料与学生培训成果整理；团队竞赛事 务性管理工作
武汉大学 成图教学 实践后期工作	项目收尾阶段	●时间节点：9月上旬—11月 ●主要工作：对本年度项目做系统总结、汇报； 校级赛、全国赛获奖成绩申报； 教学成果资料整理；竞赛团队财 务梳理
	竞赛成果推广	●时间节点：9月上旬—11月 ●主要工作：收集整理学生成果、进行信息统计； 准备成果展览材料；举办教学成果展
	课程教材建设	●时间节点：9月上旬—12月 ●主要工作：组织历届学生与指导教师逐步开展教 材建设，包括培训资料电子化、9门 课程教材编撰工作

2019年土木组第二阶段培训课程安排

课程名称	时间	第1周							备注
		周日	周一	周二	周三	周四	周五	周六	
		6月23	6月24	6月25	6月26	6月27	6月28	6月29	
	上午	3DRevit	三维自主练习	手工自主练习	3DRevit	手工自主练习	二维自主练习	3DRevit	
	下午	三维自主练习	手工自主练习	三维自主练习	三维自主练习	三维自主练习	三维自主练习	手工自主练习	
	晚上	小组讲评	手工课	小组讲评	自主练习小组 讨论	三维自主练习	手工课	休息	
课程名称	时间	第2周							备注
		周日	周一	周二	周三	周四	周五	周六	
		6月30	7月1	7月2	7月3	7月4	7月5	7月6	
	上午	3DRevit	手工课	手工自主练习	3DRevit	手工自主练习	二维自主练习	3DRevit	
	下午	三维自主练习	手工自主练习	三维自主练习	三维自主练习	三维自主练习	三维自主练习	三维自主练习	
	晚上	小组讲评	手工课	小组讲评	自主练习小组 讨论	手工课	手工课	休息	
课程名称	时间	第3周							备注
		周日	周一	周二	周三	周四	周五	周六	
		7月7	7月8	7月9	7月10	7月11	7月12	7月13	
	上午	3DRevit	手工课	手工自主练习	3DRevit	手工自主练习	二维自主练习	3DRevit	
	下午	三维自主练习	手工自主练习	三维自主练习	手工课	三维自主练习	三维自主练习	三维自主练习	
	晚上	小组讲评	手工课	小组讲评	自主练习小组 讨论	手工课	手工课	休息	
课程名称	时间	第4周							备注
		周日	周一	周二	周三	周四	周五	周六	
		7月14	7月15	7月16	7月17	7月18	7月19	7月20	
	上午	3DRevit	3DRevit	3DRevit	赛前模拟一	赛前模拟二	赛前模拟三		
	下午	三维自主练习	三维自主练习	三维自主练习	赛前模拟一	赛前模拟二	赛前模拟三	出发	
	晚上	自主练习小组 讨论	手工课	手工课	小组讲评	手工课	手工课		
课程名称	时间	第五周							备注
		周日	周一	周二	周三	周四	周五	周六	
		7月21	7月22	7月23	7月24	7月25	7月26	7月27	
	上午	高教杯	高教杯		回汉				
	下午	报到	竞赛	颁奖					
	晚上	看考场							

2019年水利组第二阶段培训课程安排

课程名称	时间	第1周							备注
		周日	周一	周二	周三	周四	周五	周六	
		6月23	6月24	6月25	6月26	6月27	6月28	6月29	
	上午	手工自主练习	手工自主练习	手工课	手工自主练习	手工课	手工自主练习	手工课	
	下午	3DMAX	三维自主练习	手工自主练习	三维自主练习	手工自主练习	三维自主练习	手工自主练习	
	晚上	3DMAX	自主练习 小组 讨论	3DMAX	自主练习 小组 讨论	3DMAX	自主练习 小组 讨论	休息	
课程名称	时间	第2周							备注
		周日	周一	周二	周三	周四	周五	周六	
		6月30	7月1	7月2	7月3	7月4	7月5	7月6	
	上午	手工自主练习	手工自主练习	手工课	手工自主练习	手工课	手工自主练习	手工课	
	下午	3DMAX	三维自主练习	手工自主练习	三维自主练习	手工自主练习	三维自主练习	手工自主练习	
	晚上	3DMAX	自主练习 小组 讨论	3DMAX	自主练习 小组 讨论	3DMAX	自主练习 小组 讨论	休息	
课程名称	时间	第3周							备注
		周日	周一	周二	周三	周四	周五	周六	
		7月7	7月8	7月9	7月10	7月11	7月12	7月13	
	上午	手工自主练习	手工自主练习	手工课	手工自主练习	手工课	手工自主练习	手工课	
	下午	3DMAX	三维自主练习	手工自主练习	三维自主练习	手工自主练习	三维自主练习	手工自主练习	
	晚上	3DMAX	自主练习 小组 讨论	3DMAX	自主练习 小组 讨论	3DMAX	自主练习 小组 讨论	休息	
课程名称	时间	第4周							备注
		周日	周一	周二	周三	周四	周五	周六	
		7月14	7月15	7月16	7月17	7月18	7月19	7月20	
	上午	手工自主练习	手工自主练习	手工课	赛前模拟一	赛前模拟二	赛前模拟三		
	下午	3DMAX	三维自主练习	手工自主练习	赛前模拟一	赛前模拟二	赛前模拟三	出发	
	晚上	3DMAX	3DMAX	3DMAX	3DMAX	3DMAX	3DMAX		
课程名称	时间	第五周							备注
		周日	周一	周二	周三	周四	周五	周六	
		7月21	7月22	7月23	7月24	7月25	7月26	7月27	
	上午	高教杯	高教杯	回汉					
	下午	报到	竞赛	颁奖					
	晚上	看考场							

2019年城设组第二阶段培训课程安排

课程名称	时间	第1周							备注
		周日	周一	周二	周三	周四	周五	周六	
		6月23	6月24	6月25	6月26	6月27	6月28	6月29	
	上午	3DRevit	手工课	二维 自主练习	手工 自主练习	手工课	手工课	3DRevit	
	下午	三维 自主练习	手工 自主练习	三维 自主练习	三维 自主练习	三维 自主练习	手工 自主练习	手工 自主练习	
	晚上	小组讲评	自主练习 小组 讨论	3DRevit	3DRevit	小组讲评	自主练习 小组 讨论	休息	

课程名称	时间	第2周							备注
		周日	周一	周二	周三	周四	周五	周六	
		6月30	7月1	7月2	7月3	7月4	7月5	7月6	
	上午	3DRevit	手工课	二维 自主练习	手工 自主练习	手工课	手工课	3DRevit	
	下午	三维 自主练习	手工 自主练习	三维 自主练习	三维 自主练习	三维 自主练习	手工 自主练习	手工 自主练习	
	晚上	小组讲评	自主练习 小组 讨论	3DRevit	3DRevit	小组讲评	自主练习 小组 讨论	休息	

课程名称	时间	第3周							备注
		周日	周一	周二	周三	周四	周五	周六	
		7月7	7月8	7月9	7月10	7月11	7月12	7月13	
	上午	3DRevit	手工课	二维 自主练习	手工 自主练习	手工课	手工课	3DRevit	
	下午	三维 自主练习	手工 自主练习	三维 自主练习	三维 自主练习	三维 自主练习	手工 自主练习	休息	
	晚上	小组讲评	自主练习 小组 讨论	3DRevit	3DRevit	小组讲评	自主练习 小组 讨论	休息	

课程名称	时间	第4周							备注
		周日	周一	周二	周三	周四	周五	周六	
		7月14	7月15	7月16	7月17	7月18	7月19	7月20	
	上午	3DRevit	手工课	二维 自主练习	赛前模拟 一	赛前模拟 二	赛前模拟 三		
	下午	手工课	三维 自主练习	手工课	赛前模拟 一	赛前模拟 二	赛前模拟 三	出发	
	晚上	自主练习 小组 讨论	小组讲评	3DRevit	小组讲评	小组讲评	小组讲评		

课程名称	时间	第五周							备注
		周日	周一	周二	周三	周四	周五	周六	
		7月21	7月22	7月23	7月24	7月25	7月26	7月27	
	上午	高教杯	高教杯		回汉				
	下午	报到	竞赛	颁奖					
	晚上	看考场							

2019年机械组第二阶段培训课程安排

课程名称	时间	第1周						
		周日	周一	周二	周三	周四	周五	周六
		6月23	6月24	6月25	6月26	6月27	6月28	6月29
	上午	手工自主练习	手工课	手工自主练习	手工课	手工自主练习	手工自主练习	手工课
	下午	三维Solidwork	手工自主练习	三维Solidwork	手工自主练习	三维Solidwork	手工自主练习	三维练习
	晚上	三维练习	自主练习 小组 讨论	三维练习	自主练习 小组 讨论	三维练习	自主练习 小组 讨论	休息
课程名称	时间	第2周						
		周日	周一	周二	周三	周四	周五	周六
		6月30	7月1	7月2	7月3	7月4	7月5	7月6
	上午	手工自主练习	手工课	手工自主练习	手工课	手工自主练习	手工自主练习	手工课
	下午	三维Solidwork	手工自主练习	三维Solidwork	手工自主练习	三维Solidwork	手工自主练习	三维练习
	晚上	三维练习	自主练习 小组 讨论	三维练习	自主练习 小组 讨论	三维练习	自主练习 小组 讨论	休息
课程名称	时间	第3周						
		周日	周一	周二	周三	周四	周五	周六
		7月7	7月8	7月9	7月10	7月11	7月12	7月13
	上午	手工自主练习	手工课	手工自主练习	手工课	手工自主练习	手工自主练习	手工课
	下午	三维Solidwork	手工自主练习	三维Solidwork	手工自主练习	三维Solidwork	手工自主练习	休息
	晚上	三维练习	自主练习 小组 讨论	三维练习	自主练习 小组 讨论	三维练习	自主练习 小组 讨论	休息
课程名称	时间	第4周						
		周日	周一	周二	周三	周四	周五	周六
		7月14	7月15	7月16	7月17	7月18	7月19	7月20
	上午	手工自主练习	手工课	手工自主练习	赛前模拟一	赛前模拟二	赛前模拟三	
	下午	三维Solidwork	手工自主练习	三维Solidwork	赛前模拟一	赛前模拟二	赛前模拟三	出发
	晚上	三维练习	自主练习 小组 讨论	三维练习	小组讲评	小组讲评	小组讲评	
课程名称	时间	第五周						
		周日	周一	周二	周三	周四	周五	周六
		7月21	7月22	7月23	7月24	7月25	7月26	7月27
	上午	高教杯	高教杯		回汉			
	下午	报到	竞赛	颁奖				
	晚上	看考场						

项目促进本科教学工作

提高教学质量的作用和意义

从 2009 年开始，每年 3 月上旬到 8 月中旬，武汉大学先进成图理论与技术教学团队均开展一轮为期近半年的成图创新教学探索与实践。目前该项目已形成具有一定的规模、规范化的教学实践活动，并在武汉大学工学学生群体中产生了广泛的影响，文理学部及信息学部也有学生参与并在校级大赛与全国大赛中获得奖项。项目开展以来，先进成图理论与技术课程教学实践以夯实本科学生专业基础为教学基本目标、提升三维设计能力为主线，为武汉大学图学教育教学改革、推进武汉大学图学本科教学的发展做出了一定的贡献。

● 推动现代图学学科发展、探索教学改革的新途径

随着现代科技与工业水平的发展，工程图学已由传统手工图示表达拓展到计算机二维、三维设计的范畴。三维 CAD 技术已经成为影响我国建筑、水利、制造等个行业创新和发展的关键技术。计算机成图技术理应在武汉大学本科教学体系中占有一席之地。武汉大学先进成图理论与技术教学实践活动，并不是以参加全国成图创新大赛作为终极目标，而是要将参与全国竞赛与推进本科图学教学中的计算机成图技术运用水平，提升图学本科教学整体质量与技术层次有机地结合，"以赛促教"，在现有教学体系下，突破基础学科传统教学模式，将受众从被动从教的地位变为积极主体，探索一条积极推动本科图学教育教学改革和学科发展的新途径，全面推动武汉大学现代工程图学本科教学体系的完善与教学体系的创新。

● 多学科、跨专业融合，综合提高学生创新实践能力和三维设计专业技能

先进成图理论与技术教学团队的教学实践立足于现代工程图是多学科交叉基础平台的特点，在培训教学中实施跨专业、多学科技术融合，由工学部水利水电学院、动力与机械学院、土木建筑工程学院、城市设计学院分别组成培训团队，依托其专业背景，通过严格、高效的竞赛式教学培训形式，夯实专业基础、拓展专业视角、提升专业设计技能，且特别注重培养学生动手能力，设计实践技能和专业技术素养，缩小其与职业技能学校学生之间实践技能的差距，以期为学生以后的专业学习打下坚实的基础，为学生从事科学研究与创新实践储备技术支撑，为学生在毕业后就业市场的竞争中抢占先机。前几届的许多培训成员在其随后的专业课程学习、课程设计与毕业论文阶段，以及从事专业创新实践活动中已起到标杆引领的作用。

● "以赛促教、以点带面"，切实有效地促进图学本科教学水平与质量提升

在现行的教学实际中，存在现代图学学科范畴的扩展与实际教学学时压缩的矛盾，以及现代工程图学理论教学与学生专业目标需求、工程设计与研究单位要求本科大学生必须具备三维设计技能的用人需求之间的差距。武汉大学先进成图理论与技术教学团队每年组织 500~600 人的校级图形大赛，选拔 4 个不同专业，总计 140 人规模的培训团队，实施与正常本科教学相似的管理模式，进行严格、规范、系统性的训练，通过培养一批精英式的学生团队，以点带面来推广、普及三维设计技术在武汉大学本科教学中的应用规模与应用层次；通过阶段性举办武汉大学成图创新实践教学成果展，进一步扩大本项目在本科生中的影响范围，有效地弥补现行图学教学体系存在的种种不足与弊端，提升学生对工程图学的学习兴趣和动力，形成武汉大学成图创新实践活动在工学学生群体中全面辐射的效应，探索出了一条推进图学本科教学发展的有效教学途径。

第二章　武汉大学成图实践十二年教学成果

武汉大学先进成图理论与技术教学团队
十二年教学成效统计

● 学生参与及竞赛成绩

竞赛年度	校级赛参与人数	培训参与人数	全国赛参与人数	团体一等奖	团体二等奖	个人奖
2009年	300人	50人	20人	3项	1项	22项
2010年	497人	120人	28人	1项		32项
2011年	525人	128人	28人	3项		33项
2012年	600人	140人	35人		4项	43项
2013年	475人	142人	36人	1项	2项	39项
2014年	485人	145人	43人	1项	2项	43项
2015年	500人	145人	45人	3项		53项
2016年	510人	148人	45人	1项	3项	55项
2017年	480人	145人	41人	2项	2项	54项
2018年	475人	142人	41人	3项	1项	51项
2019年	450人	141人	37人	1项	2项	69项
2020年	430人	138人	48人	2项	1项	33项

● 教学团队业绩

武汉大学资助大学生竞赛项目	1	武汉大学教务部（2009--2020年）
"高教杯"成图大赛优秀指导教师	38	"高教杯"组委会
先进图形技能培训	1	武汉大学教改项目（2011年）
武汉大学成图三年实践教学成果展	1	武汉大学成图教学团队（2011年）
武汉大学优秀教学成果二等奖	1	武汉大学（2011年）
图学创新与教育教学名师	1	武汉大学教改项目（2012年）
先进成图理论与技术课程体系建设	1	武汉大学教改项目（2012年）
湖北省优秀教学成果二等奖	1	湖北省教育厅（2012年）
先进成图理论与技术课程体系建设	1	湖北省教改项目（2012年）
武汉大学教学优秀校长奖（团体）	1	武汉大学（2012年）
武汉大学开放实验项目	1	武汉大学设备处（2013年）
武汉大学成图三年实践教学成果展	1	武汉大学成图教学团队（2013年）
武汉大学成图十二年实践教学成果展	1	武汉大学（2018年）

武汉大学"高教杯"全国大学生成图创新大赛十二年竞赛成绩统计

2009年，武汉大学代表队：机械、建筑、土木共4支参赛团队，选手20人。
团体奖： 机械类团体一等奖 1项、建筑类团体一等奖2项、水利类团体二等奖1项；
个人奖： 各类个人奖项22项；

2010年，武汉大学代表队：机械、建筑、土木共4支参赛团队，选手28人。
团体奖： 建筑类团体一等奖1项；
个人奖： 各类个人奖项39项；

2011年，武汉大学代表队：机械、建筑、土木共4支参赛团队，选手28人。
团体奖： 蝉联三届一等特别奖1项、建筑类团体一等奖1项、水利类团体二等奖1项；
个人奖： 各类个人奖项33项；

2012年，武汉大学代表队：机械、建筑、土木共4支参赛团队，选手35人。
团体奖：机械类团体二等奖 1项、建筑类团体二等奖2项、水利类团体二等奖1项；
个人奖： 各类个人奖项43项；

2013年，武汉大学代表队：机械、建筑、土木共4支参赛团队，选手36人。
团体奖：机械类团体二等奖 1项、建筑类团体一等奖1项、建筑类团体二等奖1项；
个人奖： 各类个人奖项22项；

2014年，武汉大学代表队：机械、建筑、土木共4支参赛团队，选手43人。
团体奖：机械类团体一等奖 1项、建筑类团体一等奖1项、土木类团体二等奖1项、水利类团体一等奖1项、机械类团体二等奖1项；
个人奖： 各类个人奖项22项；

培养具有严谨科学态度、深厚专业基础、掌握先进成图技术的"三创"型设计人才

武汉大学先进成图理论与技术教学团队的宗旨

武汉大学"高教杯"全国大学生成图创新大赛十二年竞赛成绩统计

2015年，武汉大学代表队：机械、建筑、水利、土木共4支参赛团队，选手45人。
团体奖：　机械类团体二等奖1项、建筑类团体二等奖1项、水利类团体二等奖1项；
个人奖：　各类个人奖项47项；

2016年，武汉大学代表队：机械、建筑、水利、土木共4支参赛团队，选手45人。
团体奖：　机械类团体二等奖1项、建筑类开放创意竞赛二等奖1项、建筑类团体三等奖1项、水利类团体一等奖1项；
个人奖：　各类个人奖项46项；

2017年，武汉大学代表队：机械、建筑、水利、土木共4支参赛团队，选手41人。
团体奖：　机械类团体二等奖1项、建筑类团体一等奖1项、建筑类团体二等奖1项、水利类团体一等奖1项；
个人奖：　各类个人奖项59项；

2018年，武汉大学代表队：机械、建筑、水利、土木共4支参赛团队，选手41人。
团体奖：　机械类团体二等奖1项、建筑类团体一等奖1项、建筑类团体二等奖1项、水利类团体一等奖1项；
个人奖：　各类个人奖项52项；

2019年，武汉大学代表队：机械、建筑、水利、土木共4支参赛团队，选手37人。
团体奖：　建筑类团体一等奖1项、建筑类团体二等奖1项、水利类团体二等奖1项；
个人奖：　各类个人奖项43项；

2020年，武汉大学代表队：机械、建筑、水利、土木共4支参赛团队，选手48人。
团体奖：　机械类团体一等奖1项、建筑类团体一等奖1项、建筑类团体三等奖1项、水利类团体二等奖1项；
个人奖：　各类个人奖项43项；

培养具有严谨科学态度、深厚专业基础、掌握先进成图技术的"三创"型设计人才

武汉大学先进成图理论与技术教学团队的宗旨

"高教杯"全国大学生先进图形技能与产品信息建模大赛
武汉大学城市设计学院代表队历届参赛队员名单

—— 2009年参赛队员 ——

序号	学生姓名	学号	专业	本科毕业去向
1	蔡哲理	200730820004	建筑学	保研：武汉大学
2	王婉	200730820005	建筑学	工作：—
3	纪艳	200730820013	建筑学	留学：新加坡国立大学
4	陆雅君	2008301540051	城乡规划	保研：武汉大学
5	张开翼	2008301540010	城乡规划	保研：同济大学

—— 2010年参赛队员 ——

序号	学生姓名	学号	专业	本科毕业去向
1	陈俊羽	2009301540049	城乡规划	留学：英国谢菲尔德大学
2	叶豪	2009301540053	城乡规划	移民：澳大利亚
3	刘电	2009301540040	城乡规划	工作：Virtuosgames
4	张开翼	2008301540010	城乡规划	保研：同济大学
5	薄会丽	2009301540035	城乡规划	保研：武汉大学
6	李雅兰	2009301540034	城乡规划	保研：重庆大学
7	包穗怡	200730820009	城乡规划	留学：英国谢菲尔德大学

—— 2011年参赛队员 ——

序号	学生姓名	学号	专业	本科毕业去向
1	邢博涵	2010301540047	城乡规划	留学：美国佛罗里达大学
2	李雅兰	2009301540034	城乡规划	保研：重庆大学
3	蔡立玦	2009301540041	城乡规划	保研：香港中文大学
4	刘溪	2009301530050	城乡规划	保研：同济大学
5	夏雨纯	2009301540030	城乡规划	保研：武汉大学
6	李娟	2009301540036	城乡规划	保研：清华大学直博
7	王皓	2009301530050	城乡规划	留学：英国卡迪夫大学

—— 2012年参赛队员 ——

序号	学生姓名	学号	专业	本科毕业去向
1	张晶晶	2010301540025	城乡规划	保研：天津大学
2	程艳	2009301610162	城乡规划	工作：深圳市规划设计研究院
3	杨红	2010301540053	城乡规划	保研：武汉大学博士
4	杨卓	2010301540013	城乡规划	保研：南京大学
5	庄初倩	2010311540010	城乡规划	留学：英国卡迪夫法学
6	孙璐	2010301540023	城乡规划	留学：美国康奈尔大学
7	茹雅婷	2010301540033	城乡规划	留学：美国康奈尔大学
8	王烨	2010301540040	城乡规划	保研：武汉大学

—— 2013年参赛队员 ——

序号	学生姓名	学号	专业	本科毕业去向
1	朱淑珩	2011301540006	城乡规划	保研：同济大学
2	杨昕婧	2011301540016	城乡规划	保研：武汉大学
3	刘曼	2010301540034	城乡规划	保研：武汉大学
4	欧阳亦琛	2012301540023	城乡规划	留学：美国哥伦比亚大学
5	赵未坤	2011301540048	城乡规划	保研：南京大学
8	何梅	2011301540024	城乡规划	工作：佛山市规划设计研究院
6	杜怡芳	2012301540058	城乡规划	保研：同济大学
7	唐鑫磊	2011301540062	城乡规划	保研：武汉大学
9	戴文博	2012301540050	城乡规划	保研：武汉大学

—— 2014年参赛队员 ——

序号	学生姓名	学号	专业	本科毕业去向
1	汤蓓	2011301610003	城乡规划	保研：北京大学深圳研究院
2	戴文博	2012301540050	城乡规划	保研：武汉大学
3	杜怡芳	2012301540058	城乡规划	保研：同济大学
4	李晶	2011301540021	城乡规划	保研：清华大学
5	陈颖	2012302290062	城乡规划	保研：南京大学
6	张慧子	2012301540024	城乡规划	保研：武汉大学
7	李瑞	2011302180242	城乡规划	保研：华中科技大学
8	史雅楠	2012301540062	城乡规划	保研：武汉大学
9	赵梦妮	2012301540002	城乡规划	保研：南京大学
10	彭涛	2012301540043	城乡规划	留学：美国伊利诺伊理工大学

—— 2015年参赛队员 ——

序号	学生姓名	学号	专业	本科毕业去向
1	赵梦妮	2012301540002	城乡规划	保研：南京大学
2	陈颖	2012302290062	城乡规划	保研：南京大学
3	史雅楠	2012301540062	城乡规划	保研：武汉大学
4	李俊良	2014301530040	建筑学	保研：华南理工大学
6	施立阳	2012301530001	建筑学	保研：华南理工大学

—— 2016年参赛队员 ——

序号	学生姓名	学号	专业	本科毕业去向
1	陈丁武	2014301530074	建筑学	考研：待定
2	吴晓嘉	2015301530063	建筑学	在校生
3	胡骏	2015301530086	建筑学	在校生
4	马家慧	2015301530010	建筑学	在校生
5	张可昕	2015301530093	建筑学	在校生
6	王馒葭	2015300820037	工业设计	考研：待定
7	吴国伟	2015301530020	建筑学	在校生
8	李奇家	2014301530012	建筑学	出国：待定

—— 2017年参赛队员 ——

序号	学生姓名	学号	专业	本科毕业去向
1	张殿恒	2014301530086	建筑学	考研：待定
2	陈昶宇	2016301530091	建筑学	在校生
3	马梦艳	2016301530089	建筑学	在校生
4	叶崴	2016301530096	建筑学	在校生
5	李希冉	2016301530090	建筑学	在校生

—— 2018年参赛队员 ——

序号	学生姓名	学号	专业	本科毕业去向
1	陈昶宇	2016301530091	建筑学	在校生
2	马梦艳	2016301530089	建筑学	在校生
3	李希冉	2016301530090	建筑学	在校生
4	陈卓清	2015301530022	建筑学	在校生
5	陈婕	2014301580059	建筑学	在校生
6	卢烨鑫	2017301530007	建筑学	在校生
7	文艺	2016301530097	建筑学	在校生
8	郭思辰	2016301530036	建筑学	在校生
9	邱淑冰	2017301530106	建筑学	在校生

"高教杯"全国大学生先进图形技能与产品信息建模大赛
武汉大学土木建筑工程学院代表队历届参赛队员名单

—— 2009年参赛队员 ——

序号	学生姓名	学号	专业	本科毕业去向
1	张行强	200731550108	土木工程	保研：浙江大学
2	全 冠	200730820013	土木工程	保研：浙江大学
3	何 植	200731550139	土木工程	广州建筑设计院
4	黄哲辉	200731550189	土木工程	考研：同济大学
5	邢 旺	200731550205	工程力学	保研：武汉大学
6	张文龙	200731550198	土木工程	保研：武汉大学
7	肖 龙	200731550107	土木工程	保研：武汉大学
8	齐佳欣	2008301550047	土木工程	保研：武汉大学
9	齐桓若	2008302610003	土木工程	保研：华北水电大学
10	韦翠梅	2008301550070	土木工程	保研：武汉大学
11	李 舒	200731550203	土木工程	保研：武汉大学
12	孔晓璇	2008301550023	土木工程	保研：武汉大学

—— 2010年参赛队员 ——

序号	学生姓名	学号	专业	本科毕业去向
1	王逸珂	2008301550073	土木工程	保研：同济大学
2	文浩	2009301550075	土木工程	保研：武汉大学
3	齐佳欣	2008301550047	土木工程	—
4	谭 寰	2008301550193	土木工程	保研：同济大学博士
5	刘 盼	2009301890039	工程力学	保研：武汉大学博士
6	毕绪驰	2008301550186	土木工程	工作：凌云建筑装饰工程有限公司
7	文颖波	2009301550194	土木工程	工作：柳州市建筑技术科学研究院

—— 2011年参赛队员 ——

序号	学生姓名	学号	专业	本科毕业去向
1	余鹏程	2009301550105	土木工程	保研：西南交大 九州大学 硕博
2	崔泽熙	2009301550205	土木工程	留学：德国斯图加特大学 读研
3	郭晓旺	2008301550056	土木工程	工作：长沙正荣地产有限公司
4	徐贞珍	2009301550097	土木工程	保研：武汉大学
5	唐 彪	2009301550102	土木工程	保研：东南大学
6	叶李平	2010301550041	土木工程	工作：中建海峡建设发展有限公司
7	李晓锋	2009301550038	土木工程	保研：中科院力学所直博

—— 2012年参赛队员 ——

序号	学生姓名	学号	专业	本科毕业去向
1	叶李平	2010301550041	土木工程	工作：中建海峡建设发展有限公司
2	刘漾	2009301550127	土木工程	保研：同济大学
3	桑毅彩	2010301550058	土木工程	保研：西南交通大学
4	李莎	2010301540022	土木工程	考研：武汉大学
5	李士平	2010301550160	土木工程	保研：同济大学
6	湛海群	2009301550110	土木工程	保研：武汉大学
7	陈恒	2010301550079	土木工程	保研：同济大学
8	张奥利	2010301550195	土木工程	保研：武汉大学

—— 2013年参赛队员 ——

序号	学生姓名	学号	专业	本科毕业去向
1	于汉	2011301890046	工程力学	保研：上海交通大学博士
2	陈晓婉	2011301550063	土木工程	保研：武汉大学
3	洪胜男	2012301550006	土木工程	保研：中科院岩土所博士
4	谢志行	2011301550123	土木工程	保研：同济大学
5	颜书纬	2012301550116	土木工程	保研：武汉大学
8	蒋金麟	2012301550028	土木工程	保研：中科院岩土所博士
6	陈倩滢	2012301890032	土木工程	保研：北京工业大学
7	徐晓瑜	2011301550048	土木工程	保研：武汉大学博士
9	范子阳	2011301550131	土木工程	保研：同济大学

—— 2014年参赛队员 ——

序号	学生姓名	学号	专业	本科毕业去向
1	李晗	2013301890037	工程力学	保研：武汉大学
2	肖诗颖	2013301550191	土木工程	保研：湖南大学
2	梁峻海	2013301550197	土木工程	保研：武汉大学
3	张珂菁	2013301550052	土木工程	保研：武汉大学
4	黄博娅	2013301550022	土木工程	保研：武汉大学
5	王 琦	2012301550025	土木工程	工作：上海建工装饰集团
7	张佳琪	2013301550211	土木工程	保研：武汉大学
8	杨信美	2013301550064	土木工程	保研：武汉大学
9	段 琰	2012301550173	土木工程	考研：武汉大学

—— 2015年参赛队员 ——

序号	学生姓名	学号	专业	本科毕业去向
1	谢怡玲	2014301890042	工程力学	保研：武汉大学
2	李震子	2014301890043	工程力学	保研：武汉大学
3	孟子雄	2014301890029	工程力学	保研：北京大学直博
4	谢维强	2013301550174	土木工程	保研：武汉大学
5	邓 畅	2014301550094	土木工程	保研：武汉大学
6	蔡康毅	2013301550158	土木工程	保研：武汉大学
7	宋雨聪	2013301550006	土木工程	工作：恒大地产广州
8	闫中曦	2014301550208	土木工程	保研：同济大学
9	王雪瑶	2014301890049	工程力学	保研：武汉大学直博
10	柴杭莹	2014301550065	土木工程	留学：英国华威大学硕士
11	郭华峰	2012301550197	土木工程	保研：同济大学
12	周婷婷	2014301550190	土木工程	保研：武汉大学
13	周安达	2014301550202	土木工程	保研：浙江大学

—— 2016年参赛队员 ——

序号	学生姓名	学号	专业	本科毕业去向
1	李震子	2014301890043	工程力学	保研：武汉大学
2	孟子雄	2014301890029	工程力学	保研：北京大学直博
3	蔡康毅	2013301550158	土木工程	保研：武汉大学
4	谢维强	2013301550174	土木工程	保研：武汉大学
5	王雪瑶	2014301890049	工程力学	保研：武汉大学直博
6	邓 畅	2014301550094	土木工程	保研：武汉大学
7	周婷婷	2014301550190	土木工程	保研：武汉大学
8	郭华峰	2012301550197	土木工程	保研：同济大学
9	闫中曦	2014301550208	土木工程	保研：同济大学

—— 2016年参赛队员 ——

序号	学生姓名	学号	专业	本科毕业去向
1	李颖	2014301550026	土木工程	保研：武汉大学
2	何星辰	2015301550158	土木工程	保研：武汉大学
3	冯雪伟	2015301550081	土木工程	保研：武汉大学
4	郝心童	2013301550189	土木工程	保研：天津大学
5	郝小涵	2014301550106	土木工程	保研：同济大学 直博
6	刘 洋	2013301550196	土木工程	保研：武汉大学
7	吴子涵	2015301550050	土木工程	出国：待定
8	杜 昕	2015301550170	给排水	保研：清华大学深圳研究院
9	杜 鹏	2015301550085	土木工程	保研：华中科技大学

—— 2017年参赛队员 ——

序号	学生姓名	学号	专业	本科毕业去向
1	冯雪伟	2015301550081	土木工程	保研：武汉大学
2	陈明如	2016301550048	土木工程	在校生
3	吴子涵	2015301550050	土木工程	在校生
4	曹紫艺	2016301890047	土木工程	在校生
5	柴术鹏	2014301550212	土木工程	在校生
6	陈 莉	2015301550167	土木工程	保研：同济大学
7	韩文卿	2015301550068	土木工程	保研：武汉大学博士
8	王立鹤	2016301890045	工程力学	在校生
9	郭 泓	2016301890004	工程力学	在校生
10	朱航凯	2014301550204	土木工程	在校生
11	景亚萱	2014301550219	土木工程	保研：武汉大学
12	乔江美	2014301550114	土木工程	保研：武汉大学直博
13	周安达	2014301550202	土木工程	保研：浙江大学

—— 2018年参赛队员 ——

序号	学生姓名	学号	专业	本科毕业去向
1	王立鹤	2016301890045	工程力学	在校生
2	黄鹏飞	2015301550201	土木工程	保研：同济大学
3	黄东明	2015301550069	土木工程	保研：武汉大学
4	朱晨东	2017301550137	土木工程	在校生
5	王叶凌怡	2017301890010	工程力学	在校生
6	吴佳贤	2017301550028	土木工程	在校生
7	周前锟	2017301890052	工程力学	在校生
8	孙心怡	2017301550002	土木工程	在校生
9	李昌正	2015301550209	土木工程	保研：武汉大学博士

"高教杯"全国大学生先进图形技能与产品信息建模大赛
武汉大学水利水电学院代表队历届参赛队员名单

—— 2009年参赛队员 ——

序号	学生姓名	学号	专业	本科毕业去向
1	刘移胜	200731580048	水利水电	保研：武汉大学
2	高鑫	200731580050	水利水电	留学：美国迈阿密大学
3	王伟	200731580039	水利水电	保研：武汉大学
4	张续	200731580130	水利水电	保研：武汉大学
5	朱飞	200731580087	水利水电	保研：武汉大学

—— 2010年参赛队员 ——

序号	学生姓名	学号	专业	本科毕业去向
1	程雪辰	2009301580300	水利水电	保研：武汉大学
2	王伟	200731580039	水利水电	保研：武汉大学
3	胡鹏辉	2008301580223	水利水电	保研：武汉大学
4	陈鹏	2008301580216	水利水电	考研：北京交通大学
5	陈英健	2008301580216	港航工程	保研：清华大学直博
6	黎俭平	2008301580331	水利水电	工作：广西桂水工程咨询有限公司
7	肖特	2009301580319	水利水电	保研：武汉大学

—— 2011年参赛队员 ——

序号	学生姓名	学号	专业	本科毕业去向
1	程雪辰	2009301580300	水利水电	保研：武汉大学
2	齐小静	2010301580108	农田水利	保研：武汉大学
3	向阳	2010301580211	水利水电	保研：武汉大学
4	胡榴烟	2010301580187	水利水电	留学：美国匹兹堡大学博士
5	王玉丽	2009301580333	水利水电	考研：武汉大学博士
6	蔡航	2010301580123	港航工程	工作：—
7	张靖文	2010301580381	农田水利	保研：武汉大学博士

—— 2012年参赛队员 ——

序号	学生姓名	学号	专业	本科毕业去向
1	齐小静	2010301580108	农田水利	保研：武汉大学
2	向阳	2010301580211	水利水电	保研：武汉大学
3	杨莹	2010301580132	水利水电	保研：武汉大学
4	汤濛	2010301580083	水利水电	工作：—
5	李孟超	2010301580063	水利水电	工作：—
6	吕天建	2010301580095	水利水电	保研：武汉大学
7	杨贝贝	2010301580310	水利水电	保研：武汉大学
8	宋苏文	2010301580100	港航工程	保研：武汉大学
9	文喜雨	2010301580305	水利水电	保研：武汉大学

—— 2013年参赛队员 ——

序号	学生姓名	学号	专业	本科毕业去向
1	奚鹏飞	2011301580355	水利水电	保研：武汉大学
2	杨欢	2011301580364	港航工程	工作：—
3	吴云涛	2012301580029	水利水电	工作：常州市武进水利局
4	李思璇	2010301580129	港航工程	保研：武汉大学
5	刘和鑫	2012301580259	水利水电	保研：清华大学直博
6	付毓	2010301580104	水利水电	留学：英国 伦敦学院
7	王頔	2012301580228	水利水电	保研：武汉大学直博
8	肖文璨	2012301580211	水利水电	保研：北京大学
9	梅粮飞	2012301580234	水利水电	考研：武汉大学

—— 2014年参赛队员 ——

序号	学生姓名	学号	专业	本科毕业去向
1	梅粮飞	2012301580234	水利水电	考研：武汉大学
2	奚鹏飞	2011301580355	水利水电	保研：武汉大学
3	吴云涛	2012301580029	水利水电	工作：常州市武进水利局
4	刘和鑫	2012301580259	水利水电	保研：清华大学直博
5	王頔	2012301580228	水利水电	保研：武汉大学直博
6	田文祥	2012301580275	水利水电	保研：武汉大学博士
7	张振伟	2013301580281	水利水电	工作：公务员 常州市武进水利局

—— 2014年参赛队员 ——

序号	学生姓名	学号	专业	本科毕业去向
1	宁泽宇	2012301580354	水利水电	保研：清华大学直博
2	严利冰	2013301580047	水利水电	保研：武汉大学
3	胡甲秋	2012301580226	水利水电	保研：广西大学
4	刘玉娇	2012301580200	水利水电	保研：武汉大学博士
5	王栋	2012301580236	水利水电	保研：天津大学直博
6	李冠铭	2012301580201	水利水电	工作：华自科技股份有限公司
7	张曼	2013301580213	水利水电	保研：清华大学直博
8	王惠民	2013301580207	水利水电	保研：武汉大学

—— 2015年参赛队员 ——

序号	学生姓名	学号	专业	本科毕业去向
1	张曼	2013301580213	水利水电	保研：清华大学直博
2	严利冰	2013301580047	水利水电	保研：武汉大学
3	王惠民	2013301580207	水利水电	保研：武汉大学
4	刘玉娇	2012301580200	水利水电	保研：武汉大学博士
5	王栋	2012301580236	水利水电	保研：天津大学直博
6	韩景晔	2013301580176	水利水电	保研：武汉大学
7	景唤	2012301580222	水利水电	保研：清华大学直博
8	董珮瑶	2013301580318	水利水电	保研：北京大学直博
9	林博闻	2013301580041	水利水电	保研：武汉大学
10	田颖琳	2014301580255	水利水电	保研：清华大学直博
11	吴慧蓉	2012301580218	水利水电	保研：武汉大学
12	欧阳特	2014301580035	水利水电	保研：武汉大学
13	岳强	2013301580121	水利水电	保研：武汉大学
14	武芳	2013301580181	水利水电	保研：武汉大学

—— 2016年参赛队员 ——

序号	学生姓名	学号	专业	本科毕业去向
1	林博闻	2013301580041	水利水电	保研：武汉大学
2	张誉靓	2015301580266	水利水电	保研：武汉大学
3	王秋吟	2013301580305	港航工程	保研：北京大学直博
4	黄泽浩	2014301580150	水利工程管理	保研：武汉大学
5	覃玥	2015301580192	水文水资源	留学：未定
6	廖倩	2013301580217	港航工程	保研：上海交通大学硕博
7	舒鹏	2015301580104	水利水电	保研：武汉大学
8	徐欢	2015301580084	水利水电	保研：武汉大学
9	金文庭	2014301580023	水利水电	考研：武汉大学

—— 2017年参赛队员 ——

序号	学生姓名	学号	专业	本科毕业去向
1	舒鹏	2015301580104		保研：武汉大学
2	苗泽锴	2016301580064	水利水电	在校生
3	张家余	2015301580111	水利水电	保研：武汉大学
4	安妮	2015301580328	水利水电	保研：武汉大学
5	熊谦	2016301580151	水利水电	在校生
6	张文宇	2016301580051	水利水电	在校生
7	谢笛	2016301580153	水利水电	在校生
8	黄一飞	2015301580165	水利水电	保研：武汉大学
9	黄绳	2015301580203	水利水电	保研：武汉大学

—— 2018年参赛队员 ——

序号	学生姓名	学号	专业	本科毕业去向
1	张文宇	2016301580051	水利水电	在校生
2	安妮	2015301580328	水利水电	保研：武汉大学
3	黄一飞	2015301580165	农田水利	保研：武汉大学
4	谢笛	2016301580153	港航工程	在校生
5	陈锴锟	2016301580137	水利水电	在校生
1	邓辉	2015301580143	水利水电	考研：武汉大学
2	汪泾周	2017301580283	水利类	在校生
3	胡悦	2017301580215	水利水电	在校生
4	邓梁壑	2015301580061		保研：武汉大学
5	罗杰	2017301580126	水利类	在校生
6	卢聆江	2017301580249	水利类	在校生
7	申佳祺	2016301580049	农业水利	在校生
8	李钰兰	2016301580091	水利水电	在校生
9	徐诗恬	2017301580207	水利水电	在校生

"高教杯"全国大学生先进图形技能与产品信息建模大赛
武汉大学动力与机械学院代表队历届参赛队员名单

—— 2009年参赛队员 ——

序号	学生姓名	学号	专业	本科毕业去向
1	毕 干	200631390016	机械设计	—
2	雷佳科	200631390053	机械设计	—
3	梁龙双	200831390118	机械设计	创业：武汉朗立创科技有限公司
4	蔡业豹	200831360056	材料工程	保研：浙江大学
5	贺 礼	2008301390107	机械设计	保研：武汉大学 美国爱荷华大学博士

—— 2010年参赛队员 ——

序号	学生姓名	学号	专业	本科毕业去向
1	杨宗波	2008302650067	能源动力	考研：浙江大学
2	张 宇	2008301390109	机械设计	保研：上海交通大学
3	邓成亮	2008301390112	机械设计	保研：武汉大学
4	李巍轮	2009301390124	机械设计	保研：华中科技大学
5	胡 健	2008301390119	机械设计	保研：武汉大学
6	范国栋	2008302650040	能源动力	留学：法国洛林大学
7	曹安全	2009301390152	机械设计	保研：武汉大学

—— 2011年参赛队员 ——

序号	学生姓名	学号	专业	本科毕业去向
1	赵本成	2008302650060	能源动力	工作：中国长江电力股份有限公司
2	杨春慧	2009301390141	机械设计	工作：福建省福清核电有限公司
3	郭磊	2010301390051	机械设计	保研：武汉大学
4	李慧敏	2009301347010	自动化	保研：武汉大学
5	李玲	2009302650020	能源动力	保研：武汉大学
6	宋然	2010301390005	机械设计	保研：同济大学
7	阙子开	2009301390020	自动化	考研：华中科技大学

—— 2012年参赛队员 ——

序号	学生姓名	学号	专业	本科毕业去向
6	杨小芳	2010301360056	材料工程	工作：恒昌财富公司
1	吴灌伦	2009301390125	机械设计	保研：上海交通大学
2	叶晓滨	2009301390126	机械设计	保研：华中科技大学
3	查慧婷	2009301390118	机械设计	保研：清华大学
4	陈寒来	2010302650009	能源动力	
5	郝雪	2010301360004	材料工程	留学：卡内基梅隆大学
7	齐雪涛	2009302650078	能源动力	保研：西安交通大学
8	徐颖蕾	2011301390048	机械设计	保研：上海交通大学
9	朱宇航	2010301390055	机械设计	保研：上海交通大学

—— 2013年参赛队员 ——

序号	学生姓名	学号	专业	本科毕业去向
1	丁加涛	2010301390107	机械设计	保研：武汉大学
2	童敏	2011301390039	机械设计	工作：安泽智能工程有限公司
3	赵燕弟	2011301390114	机械设计	考研：西安交通大学
4	赖梓扬	2011301390047	机械设计	保研：上海交通大学
5	李丰羽	2012302650012	能源动力	留学：名古屋大学
6	牛宇涵	2011301390082	机械设计	留学：UCLA硕士
7	解五一	2012301390065	机械设计	保研：武汉大学
8	赵东阳	2010301390025	机械设计	保研：清华大学
9	鲁姗	2011301430031	信息测控	保研：上海交通大学

—— 2014年参赛队员 ——

序号	学生姓名	学号	专业	本科毕业去向
1	燕彬文	2013301390063	机械设计	考研：哈尔滨工业大学
2	杨雪	2012301360028	材料工程	留学：法国高等路桥学院
3	贾春妮	2012301360024	材料工程	保研：中国科学技术大学
4	郭生辉	2012302650036	能源动力	保研：西安交通大学
5	姜学涛	2012301390111	机械设计	保研：浙江大学
6	刘宇瑶	2013301390046	机械设计	保研：华中科技大学
7	李滢	2012301390105	机械设计	保研：西安交通大学
8	李继祥	2013301390013	机械设计	工作：中广核研究院
9	李杰杰	2012301390051	机械设计	保研：武汉大学硕博

—— 2015年参赛队员 ——

序号	学生姓名	学号	专业	本科毕业去向
1	王杰琼	2013301390083	机械设计	保研：清华大学深圳研究生院
2	王建	2013302540236	电气工程	保研：武汉大学
3	杨帆	2014302650099	能源动力	工作：东风汽车集团有限公司
3	梁铭	2014302650006	能源动力	工作：广西壮族自治区农村信用社联合社
4	李婧	2013301390042	机械设计	保研：上海交通大学博士
5	赵文祺	2014301390024	机械设计	工作：广汽乘用车有限公司
7	邹黛晶	2014302650152	能源动力	工作：中广核研究院
8	李为薇	2012301390066	机械设计	保研：北京航空航天大学
9	王常幸	2013301390016	机械设计	保研：西安交通大学

—— 2016年参赛队员 ——

序号	学生姓名	学号	专业	本科毕业去向
1	孙文涛	2015301390006	机械设计	考研：待定
2	李小龙	2015301390044	机械设计	保研：华中科技大学
3	何闻亭	2015301390107	机械设计	工作：待定
4	李雪龙	2015301390008	机械设计	保研：武汉大学
5	陈炜	2014301390044	机械设计	保研：武汉大学
6	汪婷伊	2015301470072	自动化	出国：待定
7	葛镕榕	2015302650060	能源动力	保研：上海交通大学
8	王子蕙	2015301470075	自动化	出国：香港中文大学博士
9	黄佳卉	2013302650053	能源动力	保研：上海交通大学

—— 2017年参赛队员 ——

序号	学生姓名	学号	专业	本科毕业去向
1	顾家馨	2015302560056	能源动力	保研：武汉大学
2	钱胤佐	2016301390040	机械设计	在校生
3	李号元	2016302650099	机械设计	在校生
4	邱灿程	2015301390060	机械设计	保研：武汉大学
5	张锐	2014301390012	机械设计	保研：上海交通大学
6	叶浩田	2016301390072	机械设计	在校生
7	张晶	2016301390184	机械设计	在校生
8	史航	2015301390069	机械设计	保研：华中科技大学
9	杜航	2014301390013	机械设计	保研：武汉大学

—— 2018年参赛队员 ——

序号	学生姓名	学号	专业	本科毕业去向
1	张晶	2016301390184	机械设计	在校生
2	孙强胜	2016302650127	能源动力	在校生
3	陈子薇	2017302650138	能源动力	在校生
4	常靖昀	2016301390005	机械设计	在校生
5	王磊	2017301390119	机械设计	在校生
6	倪传政	2015301390165	机械设计	考研：待定
7	蔡实现	2016302650057	能源动力	在校生
8	彭诗玮	2015301390175	机械设计	保研：上海交通大学
9	何玭炫	2017301390091	机械设计	在校生

2011年武汉大学成图创新设计大赛三年教学成果展

2009年
第二届高教杯
成图大赛
武汉大学承办

武汉大学副校长
李斐
在开幕式上讲话

2011年
武汉大学成图教学
成果展

武汉大学副校长
李斐
莅临成果展现场

实验室与设备管理处领导
雷敬炎、夏建潮、刘昕、杨旭升 指导成果展制作

校领导李斐、教务部原部长吴平、
教务部副部长黄本校、实践办主任叶金荣 莅临现场指导

城市设计学院、水利水电学院、土木建筑工程学院、动力与机械学院相关领导指导成图培训实践

2013年武汉大学成图创新设计大赛五年教学成果展

2013年
成图大赛
武汉大学承办

2013年
五教
成果展展标

2013年
武汉大学成图教学
成果展

展览现
场全景

城市设计学院张仁杰书记、
设备管理处雷敬炎处长 指导成果展制作

城市设计学院张仁杰书记、
设备管理处雷敬炎处长 莅临现场指导

督导组彭华教授、设备处杨旭升、刘欣副处长、原教务部黄本笑副部长、叶金华主任指导成图培训实践

2013年武汉大学成图3D打印成果展

三纬国际——武汉大学3D打印体验会开幕式

校领导视察打印成果

成图团队学生3D打印作品展示显示现场1

成图团队学生3D打印作品展示显示现场2

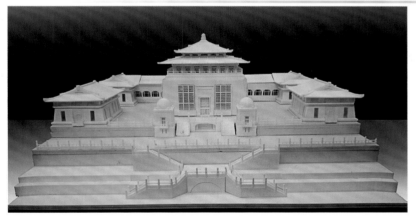

武汉大学行政楼三维模型

3D模型打印

学生成果展示1

武汉大学行政楼三维模型夜景效果图

学生成果展示2

2021年武汉大学成图创新设计大赛十二年教学成果展

展览期间出席观展的领导有：武汉大学副校长吴平、副校长周叶中；实验室与设备管理处处长雷敬炎，副处长吴运卿，实验室建设与管理办公室主任方堃；本科生院教务处处长吴丹（主持工作），综合办主任吴奕，教务处副处长漆玲玲，武汉大学学科竞赛指导委员会专家邹进贵教授，测绘学院大学生创新中心李英冰主任，城市设计学院党委书记张仁杰、实验中心副主任焦洪赞。

副校长吴平视察　　　　　　　　　　　　　副校长周叶中视察

校领导参观视察

本科生院及竞赛评委嘉宾合影留念

师生参观学习

武汉大学先进成图理论与技术教师团队

詹 平
（副教授）

获奖经历：

● "高教杯"成图创新设计大赛
　　——优秀指导教师一等奖18项；
　　——优秀指导教师一等奖27项；

成图履历：

2009—2020年，从事成图竞赛12年。作为武汉大学成图创新实践项目负责人。

全面城市设计学院、土木工程学院、水利水电学院、动力机械学院团队的竞赛组织、教学管理、教学体系规划、培训教学指导、竞赛管理等工作。

本人从事武汉大学成图竞赛工作12年，感触良多！作为工程制图的一名有着33年教龄的基础课程教师，能从自己本学科的角度出发，通过十多年坚持不懈的努力，力求推动武汉大学成图教学实践的发展，希望能为武汉大学的人才培养尽自己的绵薄之力。

"十年树木，百年树人"，武汉大学成图教学活动走完了自己的一个年轮。此时回首，成图实践活动能走到今天，要感谢的太多太多了！

首先要感谢武汉大学、武汉大学本科生院以及相关学院，对我们基础课程的教学改革给予了极大的支持；其次要感谢我们整个成图团队的每位老师，没有大家的齐心协力，没有自我奉献精神，成图实践是无法顺利实施的；最后要感谢的是历届成图的学员，你们是武汉大学的精英学子，你们现在以作为武汉大学学子为自豪，将来，武汉大学定会以你们为骄傲。集多年的成图实践资料举办此次展览，是我们团队向武汉大学交上的一份答卷，是成图教学实践阶段性的成果总结，是武汉大学成图实践活动的真实记录，同时也展现了基础课教师的职业精神和追求；也是一名老党员及成图团队全体教师，呈现给2021年建党100周年的一份献礼！

希望今后武汉大学成图实践活动能做得更好！

路 由
（教 授）

获奖经历：

● "高教杯"成图创新设计大赛
　　——优秀指导教师一等奖5项；
　　——优秀指导教师一等奖2项；

成图履历：

2010—2018年，从事成图竞赛8年。作为武汉大学成图创新实践项目城市设计学院三维指导教师，开设建筑结构数字化三维设计课程。

靳 萍
（副教授）

获奖经历：

● "高教杯"成图创新设计大赛
　　——优秀指导教师一等奖8项；
　　——优秀指导教师一等奖4项；

成图履历：

2009—2020年，从事成图竞赛12年。作为武汉大学成图创新实践项目水电学院二维指导教师，开设水利专业结构图示表达课程、计算机辅助设计课程。

刘 永
（副教授）

获奖经历：

● "高教杯"成图创新设计大赛
　　——优秀指导教师一等奖5项；
　　——优秀指导教师一等奖4项；

成图履历：

2010—2020年，从事成图竞赛10年。作为武汉大学成图创新实践项目城市设计学院、土木工程学院三维指导教师，开设建筑专业结构三维数字数字化（Revit）课程。

夏 唯
（副教授）

获奖经历：

● "高教杯"成图创新设计大赛
　　——优秀指导教师一等奖7项；
　　——优秀指导教师一等奖3项；

成图履历：

2009—2020年，从事成图竞赛12年。

作为武汉大学成图创新实践项目城市设计学院、土木工程学院二维、三维指导教师，开设建筑专业结构三维数字数字化（Revit）课程、建筑专业结构图示表达课程、计算机辅助设计课程。

范 毅
（讲 师）

获奖经历：

● "高教杯"成图创新设计大赛
　　——优秀指导教师一等奖2项；
　　——优秀指导教师一等奖2项；

成图履历：

2016—2020年，从事成图竞赛4年。作为武汉大学成图创新实践项目水电学院三维指导教师，开设水利专业结构数字化三维设计表达课程。

丁 倩
（讲 师）

获奖经历：

● "高教杯"成图创新设计大赛
　　——优秀指导教师一等奖1项；
　　——优秀指导教师一等奖2项；

成图履历：

2018—2020年，从事成图竞赛3年。作为武汉大学成图创新实践项目城市设计学院、土木工程学院二维指导教师，开设建筑专业结构图示表达课程、计算机辅助设计课程。

穆勤远
（讲 师）

获奖经历：

● "高教杯"成图创新设计大赛
　　——优秀指导教师一等奖1项；
　　——优秀指导教师一等奖2项；

成图履历：

2010—2018年，从事成图竞赛8年。作为武汉大学成图创新实践项目动力机械学院三维指导教师，开设机械专业结构数字化设计（Pro-E）课程。

孙宇宁
（副教授）

获奖经历：

● "高教杯"成图创新设计大赛
　　——优秀指导教师一等奖2项；
　　——优秀指导教师一等奖2项；

成图履历：

2010—2015年，从事成图竞赛5年。作为武汉大学成图创新实践项目城市设计学院、土木工程学院二维指导教师，开设建筑专业结构图示表达课程、计算机辅助设计课程。

第三章　武汉大学校级成图创新大赛历程回顾

2011年第四届武汉大学成图技术大赛
培训全程实况

城市设计学院培训团队

设计城市　设计中国

设计未来

老师们放弃暑假休息 辛苦教学

动力与机械学院培训团队

百年沧桑弘毅自强

大同襄宇向未来

院领导莅临指导 提出意见及建议

水利水电学院培训团队

团结协作锲而不舍

水利人承水利魂

同学们认真上课为比赛做准备

土木建筑工程学院培训团队

勇于担当 追求卓越

构架成功

上机操作 手工图绘制都无比认真

2012年第五届武汉大学成图技术大赛
培训全程实况

城市设计学院培训团队

各位老师对学生们悉心指导

动力与机械学院培训团队

同学们认真画图　为目标全力以赴

水利水电学院培训团队

手工图绘制和设计软件应用齐头并进

土木建筑工程学院培训团队

师生共同努力只为在比赛中赢得漂亮

设计城市　设计中国

设计未来

百年沧桑私毅自强

大同寰宇向未来

团结协作锲而不舍

水利人承水利魂

勇于担当　追求卓越

构筑成功

2013年第六届武汉大学成图技术大赛
培训全程实况

城市设计学院培训团队

老师们放弃暑假辛苦教学

设计城市 设计中国

设计未来

动力与机械学院培训团队

同学们认真画图 艰苦备战奋斗

百年沧桑弘毅自强

大同寰宇向未来

水利水电学院培训团队

选手们上机实战 集训提高自身水平

团结协作锲而不舍

水利人乘水利魂

土木建筑工程学院培训团队

师生们共同探讨 全力以赴

勇于担当 追求卓越

构筑成功

2014年第七届武汉大学成图技术大赛
培训全程实况

城市设计学院培训团队

动力与机械学院培训团队

水利水电学院培训团队

土木建筑工程学院培训团队

设计城市　设计中国

设计未来

百年沧桑弘毅自强

大同寰宇向未来

团结协作锲而不舍

水利人承水利魂

勇于担当　追求卓越

课上积极练习 课下热烈讨论

老师们放弃暑假休息 和同学们并肩奋战

同学们认真练习 为比赛做准备

电脑建模　手工图绘制都无比用心

2015年第八届武汉大学成图技术大赛
培训全程实况

城市设计学院培训团队

动力与机械学院培训团队

水利水电学院培训团队

土木建筑工程学院培训团队

设计城市 设计中国

设计未来

百年沧桑 弘毅自强

大同寰宇 字向未来

水利人承水利魂

团结协作 锲而不舍

勇于担当 追求卓越

构筑成功

同学们放弃暑假认真听课学习　积极听取老师的教导

同学们认真上课为比赛做准备

同学们认真学习　通过练习不断提高上机操作水平

任课老师现场指导　同学们认真听课

2016年第九届武汉大学成图技术大赛
培训全程实况

城市设计学院培训团队

设计城市　设计中国

设计未来

同学们认真听课学习　利用有限时间积极听取老师的教导

动力与机械学院培训团队

百年沧桑弘毅自强

大同寰宇向未来

同学们积极讨论上课所学　累积练习为比赛做准备

水利水电学院培训团队

团结协作锲而不舍

水利人承水利魂

同学们通过练习不断提高手绘能力

土木建筑工程学院培训团队

勇于担当　追求卓越

构筑成功

老师们放弃暑假休息认真负责指导同学们　大家认真听课

2017年第十届武汉大学成图技术大赛
培训全程实况

城市设计学院培训团队

同学们认真听讲　积极对待培训课程

动力与机械学院培训团队

同学们认真画图　为目标全力以赴

水利水电学院培训团队

手工绘图积极应对　学习稳步提升扎实进步

土木建筑工程学院培训团队

听从老师谆谆教诲　软件学习逐渐熟练上手

设计城市　设计中国

设计未来

百年沧桑弘毅自强

大同寰宇向未来

团结协作群而不争

水利人秉水利魂

勇于担当　追求卓越

构架成功

2018年第十一届武汉大学成图技术大赛
培训全程实况

城市设计学院培训团队

设计城市 设计中国

设计未来

课上积极练习 课下热烈讨论

动力与机械学院培训团队

百年沧桑弘毅自强

大同襄宇向未来

老师放弃暑假休息 和同学们并肩奋战

水利水电学院培训团队

团结协作锲而不舍

水利人乘水利魂

同学们认真练习 为比赛做准备

土木建筑工程学院培训团队

勇于担当 追求卓越

电脑建模 手工图绘制都无比用心

2019年第十二届武汉大学成图技术大赛
培训全程实况

城市设计学院培训团队

设计城市 设计中国

设计未来

师生们在暑假奋力冲刺 进击决赛

动力与机械学院培训团队

百年沧桑弘毅自强

大同寰宇向未来

师生之间热烈讨论 共同进步

水利水电学院培训团队

团结协作锲而不舍

水利人承水利魂

同学们认真上课 为比赛做准备

土木建筑工程学院培训团队

勇于担当 追求卓越

上机操作 手工图绘制都无比认真

2020年第十三届武汉大学成图技术大赛
培训全程实况

城市设计学院培训团队

设计城市　设计中国

设计未来

城设组同学疫情期间在家线上学习

动力与机械学院培训团队

百年沧桑弘毅自强

大同寰宇向未来

机械组同学疫情期间在家线上学习

水利水电学院培训团队

团结协作锲而不舍

水利人承水利魂

水利组同学疫情期间在家线上学习

土木建筑工程学院培训团队

勇于担当　追求卓越

土建组同学疫情期间在家线上学习

第四章 历届"高教杯"成图创新大赛 武汉大学代表队成员介绍

2009年第二届"高教杯"全国大学生成图创新大赛——城市设计学院团队

- 01 -
蔡哲理
（队长）

专业：建筑学 学号：200730820004

获奖经历：
- 第二届"高教杯"全国成图大赛
  ——建筑类团体一等奖；
- 第二届"高教杯"全国成图大赛
  ——建筑类全能一等奖；
- 第二届"高教杯"全国成图大赛
  ——建筑类绘图一等奖；

参赛感言：

因前期资料不全，未有留存！

团队领队： 杨旭升 詹 平
指导教师： 夏唯 路由 靳萍
教学督导： 彭正洪

团队成员： 蔡哲理 纪艳 王婉
陆雅君 张开翼

获奖情况： 建筑类团体奖1项、个人奖10项、

建筑类团体 一等奖1项：蔡哲理 纪艳 王婉
陆雅君 张开翼
建筑类全能 一等奖1项：蔡哲理
建筑类全能 二等奖1项：周峥艺
建筑类建模 二等奖2项：张开翼 周峥艺
建筑类建模 二等奖2项：陆雅君 纪艳
建筑类绘图 一等奖1项：蔡哲理
建筑类绘图 二等奖1项：王婉
建筑类尺规 一等奖2项：翟羽佳 兰梅婷

- 02 -
纪 艳

专业：建筑学 学号：200730820013

获奖经历：
- 第二届"高教杯"全国成图大赛
  ——建筑类团体一等奖；
- 第二届"高教杯"全国成图大赛
  ——建筑类建模一等奖；

- 03 -
王 婉

专业：建筑学 学号：200730820005

获奖经历：
- 第二届"高教杯"全国成图大赛
  ——建筑类团体一等奖；
- 第二届"高教杯"全国成图大赛
  ——建筑类绘图二等奖；

- 04 -
陆雅君

专业：城市规划 学号：2008301540051

获奖经历：
- 第二届"高教杯"全国成图大赛
  ——建筑类团体一等奖；
- 第二届"高教杯"全国成图大赛
  ——建筑类建模二等奖；
2009、2011武汉大学
  ——丙等奖学金

- 05 -
张开翼

专业：城市规划 学号：2008301540010

获奖经历：
- 第二届"高教杯"全国成图大赛
  ——建筑类团体一等奖；
  ——建筑类建模一等奖；
2009国家奖学金、武汉大学甲等奖学金
2010武汉大学甲等奖学金
2011武汉大学乙等奖学金

赛事寻影

2010年第三届"高教杯"全国大学生成图创新大赛——城市设计学院团队

- 01 -
陈俊羽
(队长)

专业：城市规划　学号：2009301540049

获奖经历：
● 第三届"高教杯"全国成图大赛
　　　　——建筑类团体一等奖；
● 第三届"高教杯"全国成图大赛
　　　　——建筑类建模二等奖；
● 2010年武汉大学图形技术大赛
　　　　——校级一等奖。

参赛感言：
　　感谢为我们劳累操心了好几个月的各位老师，我们院参加培训的每一个人都很感激老师为我们的付出……

团队领队：李海燕　詹平
指导教师：孙宇宁　路由　詹平　李海燕
教学督导：彭正洪

团队成员：陈俊羽　叶豪　刘电　薄会丽
　　　　　　李雅兰　张开翼　包穗怡

获奖情况：建筑类团体奖1项、个人奖5项、
　　　　　　优秀教师奖3项

建筑类团体 一等奖 1项：蔡立玦　邢博涵　夏雨纯
　　　　　　　　　　　李雅兰　刘溪
建筑类团体 一等奖 1项：叶豪　薄会丽　张开翼
　　　　　　　　　　　刘电　陈俊羽
建筑类全能 一等奖 1项：叶豪
建筑类全能 二等奖 2项：张开翼　刘电
建筑类建模 二等奖 2项：陈俊羽　包穗怡
优秀指导教师建筑类 一等奖 3项：路由　孙宇宁
　　　　　　　　　　　　　　詹平

- 02 -
李雅兰

专业：城市规划　学号：2009301540034

获奖经历：
● 2010年武汉大学图形技术大赛
　　　　——校级一等奖

参赛感言：
　　这次从重庆回来，没有拿到奖，但收获到的却更多。我们这段时间学到的是可以让我们享有一生的财富。制图比赛是结束了，但是，我要做的事情还没有结束。

- 03 -
叶豪

专业：城市规划　学号：2009301540053

获奖经历：
● 第三届"高教杯"全国成图大赛
　　　　——建筑类全能一等奖；
● 第三届"高教杯"全国成图大赛
　　　　——建筑类团体一等奖；
● 2010年武汉大学图形技术大赛
　　　　——校级一等奖

参赛感言：
　　这次比赛得奖只是一个方面，我们通过这次培训可以说是终生受益，对以后的学习工作都很有帮助。再次感谢老师的教导，希望以后大家取得更优异的成绩！

- 04 -
张开翼

专业：城市规划　学号：2008301540010

获奖经历：
● 第三届"高教杯"全国成图大赛
　　　　——建筑类团体一等奖；
● 第三届"高教杯"全国成图大赛
　　　　——建筑类全能二等奖；
● 2010年武汉大学图形技术大赛
　　　　——校级一等奖

参赛感言：
　　作为第二次参加高教杯的学生，我有幸见证了两届高教杯，这是非常宝贵的人生经历。如孙老师所言，学到的知识和技术是拿不走的，非常感谢老师们一路来的严格要求与细心指导！

- 05 -
刘电

专业：城市规划　学号：2009301530040

获奖经历：
● 第三届"高教杯"全国成图大赛
　　　　——建筑类团体一等奖；
● 第三届"高教杯"全国成图大赛
　　　　——建筑类全能二等奖；
● 2010年武汉大学图形技术大赛
　　　　——校级一等奖

参赛感言：
　　这次比赛的意义更多在于自身素质和能力的提高，我想感谢孙老师和路老师的培训还有詹老师的带领，希望学校以后的团队能够取长补短，取得更好的成绩。

- 06 -
薄会丽

专业：城市规划　学号：2009301540035

获奖经历：
● 第三届"高教杯"全国成图大赛
　　　　——建筑类团体一等奖；
● 2010年武汉大学图形技术大赛
　　　　——校级二等奖；

参赛感言：
　　参加图形大赛是大二的暑假，虽然训练很辛苦，但是特别有价值，我不仅收获了技能，更多的是如何自主学习和与其他人协作。很骄傲我们拿回了团体一等奖，这种经历将是我一生都珍惜的财富。

- 07 -
包穗怡

专业：艺术设计　学号：200730820009

获奖经历：
● 第三届"高教杯"全国成图大赛
　　　　——建筑类建模二等奖；
● 2010年武汉大学图形技术大赛
　　　　——校级二等奖；

参赛感言：
　　这应该是我大学四年参加的最后一个比赛了，也是印象最深刻的一个。老师在比赛前写给我们的回复让我觉得很温暖，真的很谢谢你们，陪伴我的老师和同学，都是很可爱的人！

35

2011年第四届"高教杯"全国大学生成图创新大赛——城市设计学院团队

- 01 -
邢博涵
（队长）

专业：城市规划　　学号：2010301540047

获奖经历：
- 第四届"高教杯"全国成图大赛
　　　　——建筑类团体一等奖；
- 第四届"高教杯"全国成图大赛
　　　　——建筑类全能二等奖；
- 2011年武汉大学图形技术大赛
　　　　——校级一等奖；

参赛感言：
　　这次比赛让我收获了荣誉和朋友，感谢老师的大力培训以及不辞劳苦的日夜苦战，总之坚持就是胜利，只要有付出就有回报。

团队领队： 沈建武　詹　平
指导教师： 路　由　孙宇宁　穆勤远　詹　平
教学督导： 彭正洪

团队成员： 蔡立珠　邢博涵　夏雨纯　李雅兰
　　　　　　刘　溪　李娟　王皓
获奖情况： 建筑类团体奖1项、个人奖8项、建筑类
　　　　　　特别奖1项，优秀教师奖4项

建筑类团体一等奖1项：蔡立珠　邢博涵　夏雨纯
　　　　　　　　　　　李雅兰　刘溪
建筑类全能一等奖3项：邢博涵　李雅兰　蔡立珠
建筑类全能二等奖2项：刘溪　夏雨纯
建筑类建模二等奖1项：李　娟
建筑类尺规一等奖2项：刘溪　王　皓
蝉联三届一等建筑类特别奖1项：武汉大学城市设计学院
优秀指导教师建筑类一等奖4项：路　由　孙宇宁
　　　　　　　　　　　　　　詹　平　穆勤远

- 02 -
李雅兰

专业：城市规划　　学号：2009301540034

获奖经历：
- 第四届"高教杯"全国成图大赛
　　　　——建筑类团体一等奖；
- 第四届"高教杯"全国成图大赛
　　　　——建筑类全能一等奖；
- 2011年武汉大学图形技术大赛
　　　　——校级一等奖

参赛感言：
　　我们应该相信，任何朝着目标的努力都是值得的。哈尔滨之行为我的生活画上了彩色的一笔。

- 03 -
李　娟

专业：城市规划　　学号：2009301540015

获奖经历：
- 第四届"高教杯"全国成图大赛
　　　　——建筑类建模二等奖；
- 2011年武汉大学图形技术大赛
　　　　——校级一等奖；

参赛感言：
　　非常幸运能有这次比赛的经历，不仅学到了知识，也收获了友谊，更是在过程中锻炼了自己。

- 04 -
蔡立珠

专业：城市规划　　学号：2009301540041

获奖经历：
- 第四届"高教杯"全国成图大赛
　　　　——建筑类团体一等奖；
- 第四届"高教杯"全国成图大赛
　　　　——建筑类全能一等奖；
- 2011年武汉大学图形技术大赛
　　　　——校级一等奖

参赛感言：
　　感谢老师的悉心教导与培训，通过这次比赛的锻炼，我成长了很多。

- 05 -
刘溪

专业：城市规划　　学号：2009301530050

获奖经历：
- 第四届"高教杯"全国成图大赛
- 　　　　——建筑类团体二等奖；
- 　　　　——建筑类全能二等奖；
- 　　　　——建筑类尺规一等奖；
- 2012年武汉大学图形技术大赛一等奖

参赛感言：
　　这次竞赛带给我很多收获：知识、心理、友谊和回忆。感谢詹平老师、孙宇宁老师、路由老师一路的辅导与帮助，感谢院里给了我参加比赛的机会，在今后的路上会更加努力，为集体争光。

- 06 -
夏雨纯

专业：城市规划　　学号：2009301540030

获奖经历：
- 第四届"高教杯"全国成图大赛
　　　　——建筑类全能二等奖；
- 第四届"高教杯"全国成图大赛
　　　　——建筑类团体一等奖；
- 2011年武汉大学图形技术大赛一等奖；

参赛感言：
　　这次比赛让我获益匪浅，也为我建立的画图奠定了坚实的基础，感谢老师的一路陪伴和教导，才让我有了今天的成绩。

- 07 -
王　皓

专业：建筑学　　学号：2009301540036

获奖经历：
- 第五届"高教杯"全国成图大赛
　　　　——建筑类尺规一等奖；
- 2011年武汉大学图形技术大赛
　　　　——校级二等奖；

参赛感言：
　　在学到了本领、交到了朋友的同时，学会了团队合作，锻炼了自己的耐心和韧性，有多少付出就有多少回报，是一次难忘的经历。

2012年第五届"高教杯"全国大学生成图创新大赛——城市设计学院团队

- 01 -
张晶晶
（队长）

专业：城市规划　　学号：2010301540025

获奖经历：
- 第五届"高教杯"全国成图大赛
　　　　——建筑类团体二等奖；
- 第五届"高教杯"全国成图大赛
　　　　——建筑类建模二等奖；
- 2012年武汉大学图形技术大赛
　　　　——校级一等奖；
- 2012年武汉大学乙等奖学金

参赛感言：
　　这是一个充实自己、磨炼意志、需团队精神的比赛，我掌握了很多技能和知识，在这个过程中充满欢乐和汗水，感谢老师的辛勤付出和陪伴。

团队领队：詹　平
指导教师：李亚萍　夏　唯　路　由
教学督导：彭正洪

团队成员：张晶晶　杨红　程艳　杨卓
　　　　　　　庄初倩　王　烨　孙璐　茹雅婷
获奖情况：建筑类团体奖1项、个人奖10项

建筑类团体 二等奖 1 项：张晶晶　杨　红　庄初倩
　　　　　　　　　　　　　程艳　杨卓
建筑类全能 二等奖 4 项：孙　璐　王　烨
　　　　　　　　　　　　　杨　卓　茹雅婷
建筑类建模 二等奖 4 项：张晶晶　程　艳　杨红
　　　　　　　　　　　　　庄初倩
建筑类尺规 一等奖 2 项：王　烨　杨卓

- 02 -
杨红

专业：城市规划　　学号：2010301540053

获奖经历：
- 第五届"高教杯"全国成图大赛
　　　　——建筑类团体二等奖；
- 第五届"高教杯"全国成图大赛
　　　　——建筑类建模二等奖；
- 2012年武汉大学图形技术大赛一等奖
- 2012年武汉大学 国家励志奖学金

参赛感言：
　　在那个夏天，我们挥洒青春的汗水，收获成功的喜悦，感谢老师的付出，这样的青春，无悔！

- 03 -
程艳

专业：城市规划　　学号：2009301610162

获奖经历：
- 第五届"高教杯"全国成图大赛
　　　　——建筑类团体二等奖；
- 第五届"高教杯"全国成图大赛
　　　　——建筑类建模二等奖；
- 2012年武汉大学图形技术大赛一等奖；
- 2012年武汉大学 国家励志奖学金

参赛感言：
　　考试很短，准备期的付出与努力却很长。很庆幸选择高教杯，我收获的是比赛之外更多的东西。辛苦的备战，老师的陪伴，队友的笑脸，这让我相信并坚定：我的青春是奋斗的青春，我的年华是追梦的年华！

- 04 -
杨卓

专业：城市规划　　学号：2010301540013

获奖经历：
- 第五届"高教杯"全国成图大赛
　　　　——建筑类团体二等奖；
- 　　　　——建筑类尺规一等奖；
- 2012年武汉大学图形技术大赛一等奖；
- 2012年 "国家奖学金"，甲等奖学金

参赛感言：
　　我们要把有限的生命投入无限的画图中。

- 05 -
庄初倩

专业：城市规划　　学号：2010311540010

获奖经历：
- 第五届"高教杯"全国成图大赛
　　　　——建筑类团体二等奖；
- 第五届"高教杯"全国成图大赛
　　　　——建筑类建模二等奖；
- 2012年武汉大学图形技术大赛一等奖

参赛感言：
　　有付出便有收获，我想衷心地对老师们说一声"谢谢"，还有一直陪伴着我们的同学，谢谢大家一直以来的信任和支持！

- 06 -
王烨

专业：城市规划　　学号：2010301540040

获奖经历：
- 第五届"高教杯"全国成图大赛
　　　　——建筑类全能二等奖；
- 第五届"高教杯"全国成图大赛
　　　　——建筑类尺规一等奖；
- 2012年武汉大学图形技术大赛二等奖

参赛感言：
　　付出了汗水，更多的是互助互爱的感动、共同进步的欣喜。每一次经历都是一笔宝贵的财富，本次比赛收获最大的不是最终的奖励，而是训练中培养的友谊、师生情谊等。

- 07 -
孙璐

专业：城市规划　　学号：2010301540023

获奖经历：
- 第五届"高教杯"全国成图大赛
　　　　——建筑类全能二等奖；
- 2012年武汉大学图形技术大赛
　　　　——校级二等奖；

参赛感言：
　　一个月的强化训练极有效地提高了我在图形设计手工和软件方面的技能，十分感谢老师的辛勤付出和同学间的相互交流讨论，让我受益匪浅，度过了一个充实而有挑战性的暑假！

- 08 -
茹雅婷

专业：城市规划　　学号：2010301540033

获奖经历：
- 第五届"高教杯"全国成图大赛
　　　　——建筑类全能一等奖；
- 2012年武汉大学图形技术大赛
　　　　——校级二等奖；
- 2012年武汉大学 丙等奖学金。

参赛感言：
　　有付出就会有收获。
　　不论看起来难不难，去做就好了。

2013年第六届"高教杯"全国大学生成图创新大赛——城市设计学院团队

- 01 -
朱淑珩
（队长）

专业：城市规划　学号：2011301540006

获奖经历：
- 第六届"高教杯"全国成图大赛
　　　——建筑类团体二等奖；
- 第六届"高教杯"全国成图大赛
　　　——建筑类全能二等奖；
- 2013年武汉大学图形技术大赛
　　　　　——校级一等奖；
- 2012年武汉大学国家奖学金

参赛感言：
　　结果如何已不重要，重要的是记得一直陪伴你的人，培训期间结识的朋友，为枯燥煎熬的集训带来了无尽的欢声笑语和美好的故事。感谢你们，也感谢自己能有这样一段辛酸但美好，艰苦又快乐的记忆。

团队领队： 李向阳
指导教师： 夏 唯 路 由 孙宇宁 詹 平
教学督导： 彭正洪

团队成员： 赵未坤 杨昕婧 刘 曼 朱淑珩
　　　　　　杜怡芳 唐鑫磊 何 梅 戴文博
　　　　　　欧阳亦琛
获奖情况： 建筑类团体奖1项、个人奖11项

建筑类团体 二等奖 1项：赵未坤 杨昕婧 刘 曼
　　　　　　　　　　朱淑珩 欧阳亦琛
建筑类全能 二等奖 5项：欧阳亦琛 朱淑珩 杜怡芳
　　　　　　　　　　唐鑫磊 何 梅
建筑类建模 二等奖 1项：赵未坤
建筑类尺规 一等奖 3项：戴文博 杜怡芳 何 梅
建筑类尺规 二等奖 2项：杨昕婧 刘 曼

- 02 -
赵未坤

专业：城市规划　学号：2011301540048

获奖经历：
- 第六届"高教杯"全国成图大赛
　　　——建筑类团体二等奖；
- 第六届"高教杯"全国成图大赛
　　　——建筑类建模二等奖；
- 2013年武汉大学图形技术大赛一等奖
- 2013年武汉大学 国家奖学金

参赛感言：
　　参加此次图形技能大赛对我是一次非常宝贵的经历，我有幸加入一个优秀的团队，除了收获一份关于奋斗的"折腾"的记忆，更收获了与其紧密相关的难得的一丝心情，一种态度，一份情谊。人生很长，何不细水长流？但青春苦短，不如好好折腾。

- 03 -
杨昕婧

专业：城市规划　学号：2011301540016

获奖经历：
- 第六届"高教杯"全国成图大赛
　　　——建筑类团体二等奖；
- 第六届"高教杯"全国成图大赛
　　　——建筑类尺规二等奖；
- 2013年武汉大学图形技术大赛一等奖

参赛感言：
　　这次参加全国图形技能大赛，正验证了那句老话"过程比结果重要"。也许在旁人看来只不过是多了几张纸，然而对于我们这些参与者则是一段时光，满满的回忆。感谢老师的教导与包容，同学的友爱！

- 04 -
何 梅

专业：城市规划　学号：2011301540024

获奖经历：
- 第六届"高教杯"全国成图大赛
　　　——建筑类全能二等奖；
- 第六届"高教杯"全国成图大赛
　　　——建筑类尺规一等奖；
- 2013年武汉大学图形技术大赛一等奖。

参赛感言：
　　这次比赛成绩已经不重要了，重要的是我们学到了很多知识，在我们九个人和老师一起奋斗的日子，收获了一段难忘的时光，感谢你们的陪伴，更感谢老师对我们的照顾与教导，给了我一段美好的时光。

- 05 -
唐鑫磊

专业：城市规划　学号：2011301540062

获奖经历：
- 第六届"高教杯"全国成图大赛
　　　——建筑类全能二等奖；
- 2013年武汉大学图形技术大赛
　　　　　——校级一等奖；
- 2013、2014年国家励志奖学金。

参赛感言：
　　有付出便有收获，也许这收获没有应景而来，但付出辛劳汗水所学到的知识技能总会在日后的学习工作中派上用场，更重要的是我们收获了一种关于奋斗和汗水的重要体验，最后，我想衷心地对老师们说一声"谢谢"，谢谢你们一直以来的信任与支持！

- 06 -
刘 曼

专业：城市规划　学号：2010301540034

获奖经历：
- 第六届"高教杯"全国成图大赛
　　　——建筑类团体二等奖；
- 第六届"高教杯"全国成图大赛
　　　——建筑类尺规二等奖；
- 2013年武汉大学图形技术大赛一等奖；
- 2013年武汉大学 国家奖学金

参赛感言：
　　每一次经历都是一笔宝贵的财富，本次比赛收获最大的不是最终的奖励，而是训练中培养的友谊、师生情谊等。汗水的背后，更多的是互助友爱的感动、共同进步的欣喜。

- 07 -
杜怡芳

专业：城市规划　学号：2012301540058

获奖经历：
- 第六届"高教杯"全国成图大赛
　　　——建筑类全能二等奖；
- 第六届"高教杯"全国成图大赛
　　　——建筑类尺规一等奖；
- 2013年武汉大学图形技术大赛 一等奖；
- 2013年武汉大学 乙等奖学金。

参赛感言：
　　这次比赛最大的收获不在于结果，而在于不断提升能力的过程。在培训中，通过队员间的合作与交流，一同面对问题并解决问题，以善始善终、精益求精的态度去对待每一个挑战，这种经历是无比珍贵的。

- 08 -
戴文博

专业：城市规划　学号：2012301540050

获奖经历：
- 第六届"高教杯"全国成图大赛
　　　——建筑类尺规一等奖；
- 2013年武汉大学图形技术大赛
　　　　　——校级一等奖；
- 2013年武汉大学 乙等奖学金。

参赛感言：
　　经过层层筛选，最终能够参加比赛是让我十分意外的。假期培训既充实，每天都能看到自己的进步，和同学在一起也很开心。很感谢老师们，在广州比赛时，感谢老师一直都是我们的坚实后盾。比赛结束了，真的很不舍，结果是重要的，但过程更值得回味。

- 09 -
欧阳亦琛

专业：城市规划　学号：2012301540023

获奖经历：
- 第六届"高教杯"全国成图大赛
　　　——建筑类团体二等奖；
- 第六届"高教杯"全国成图大赛
　　　——建筑类全能二等奖；
- 2013年武汉大学图形技术大赛一等奖；
- 2013年武汉大学 乙等奖学金

参赛感言：
　　一个多月的集训到最后参赛，收获了一项技能，更多的是一次经历。从刚开始艰难的摸索，到上考场前的一份把握，从队员之间不熟悉到最后彼此信任支持，竞赛成绩可以用奖项衡量，但这些经历是无价的财富。

2014年第七届"高教杯"全国大学生成图创新大赛——城市设计学院团队

- 01 -
汤蓓（队长）

专业：城市规划　学号：2011301610003

获奖经历：
● 第七届"高教杯"成图大赛
　　——团队一等奖；
● 第七届"高教杯"成图大赛
　　——个人全能一等奖；

参赛感言：
　　准备几个月的训练，真的很感谢自己坚持下来了，并且取得了不错的成绩。认识了更多可爱的朋友也是这个暑假收获的最宝贵的财富。还有老师们的耐心和悉心教导，把所有知识技巧倾囊相授。让自己更加有信心走下来。还有就是感谢给力的队友！

团队领队：程世丹
指导教师：袁唯　陆由　杨建思　刘华
教学督导：彭正洪
团队成员：戴文博　杜怡方　李晶　史雅楠
　　　　　　汤蓓　陈颖　张慧子　李瑞
　　　　　　史雅楠　赵梦妮　彭涛
获奖情况：建筑类团体奖1项　个人奖10项

建筑类团体一等奖1项：戴文博　杜怡方　李晶
　　　　　　　　　　　李瑞　汤蓓
建筑类全能一等奖1项：汤蓓　李晶　戴文博
建筑类尺规一等奖2项：陈颖
建筑类尺规二等奖1项：史雅楠　杜怡方　赵梦妮
　　　　　　　　　　　彭涛
建筑类建模二等奖1项：张慧子　李瑞

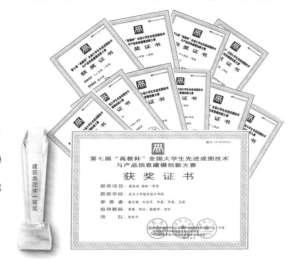

- 02 - **戴文博**

专业：城市规划　学号：2012301540050

获奖经历：
● 第六届"高教杯"成图大赛
　　——尺规绘图一等奖；
● 2012—2013年武汉大学成图大赛
　　——校级一等奖；

参赛感言：
　　一个假期的培训，不仅收获了技能而且收获了友谊。非常感谢詹平老师、夏唯老师、路由老师的倾力帮助与支持。相比去年，今年的比赛周期更短，心理压力更大。在暑假集训的日子里，我有了很大提高。

- 03 - **杜怡芳**

专业：城市规划　学号：2012301540058

获奖经历：
● 第六届"高教杯"成图大赛
　　——尺规绘图一等奖；
● 第六届"高教杯"成图大赛
　　——个人全能二等奖；

参赛感言：
　　这次参加成图大赛，收获颇丰。在暑期集训的日子里，我锻炼了自己快速绘制建筑手工图的能力，也锻炼了自己熟练使用软件的能力。

- 04 - **李晶**

专业：城市规划　学号：2011301540021

获奖经历：
● 第八届"高教杯"成图大赛
　　——建筑类建模二等奖；
● 第八届"高教杯"成图大赛
　　——尺规绘图一等奖；

参赛感言：
　　非常感谢老师们的悉心教导与陪伴，感谢队友们的共同努力，在这个夏季我们不仅收获了满意的成绩，更收获了珍贵的友谊！一同培训伙伴相互勉励，互相督促，我都会努力积极地走下去。

- 05 - **李瑞**

专业：城市规划　学号：2014301530040

获奖经历：
● 第八届"高教杯"成图大赛
　　——建筑类团体二等奖；
● 2015—2016年武汉大学成图大赛
　　——校级一等奖；

参赛感言：
　　在最后培训的一个多月里，我结识了一群志同道合的师友，大家一起学习建模知识，一起探讨疑难问题，一起进步。
　　经历了漫长的训练，我们团队获得了较好的成绩，老师的付出与我们的努力没有白费。非常感谢老师和同学，结识了一群优秀又可爱的人。

- 06 - **史雅楠**

专业：城市规划　2012301540062

获奖经历：
●第七届"高教杯"成图大赛
　　——尺规绘图二等奖；
●2012—2013年武汉大学成图大赛
　　——校级二等奖；

参赛感言：
　　大学以来，我参加了第八届高教杯全国大学生先进成图技术大赛并获得手工制图一等奖，参加成图技术大赛让我收获了奖项，一同培训的小伙伴们相互勉励，在学习的三个月里共同进步，无论脚步深浅，我都会努力积极地走下去。

- 07 - **陈颖**

专业：城市规划　2012302290062

获奖经历：
● 第七届"高教杯"成图大赛
　　——尺规绘图一等奖；
● 2013年武汉大学成图大赛
　　——校级一等奖；

参赛感言：
　　在整个暑期培训中踏踏实实一步一个脚印跟着老师的方法，到最后对比赛抱的心态就是对得起自己的付出和努力。很荣幸能认识小伙伴们！

- 08 - **彭涛**

专业：城市规划　2012301540043

获奖经历：
● 2013年武汉大学成图大赛
　　——校级二等奖；

参赛感言：
　　暑假一个月的培训，学习了很多知识，感觉特别充实。虽然压力很大，但是每个人都在努力地提升自己，所以就督促自己不断努力学习，收获了很多知识以及正能量，对建筑结构的知识也有了更深的了解和认识，感谢老师同学的细心陪伴和指导。

- 09 - **张慧子**

专业：城市规划　2012301540024

获奖经历：
● 第七届"高教杯"成图大赛
　　——建筑类建模二等奖；
● 2013年武汉大学成图大赛
　　——校级二等奖；

参赛感言：
　　暑假一个月的培训，学习了很多知识，感觉特别充实。虽然压力很大，但是收获了很多知识以及正能量，对建筑结构的知识也有了更深的了解和认识，感谢老师同学一直以来对我的鼓励。

- 10 - **赵梦妮**

专业：城市规划　2010301540002

获奖经历：
● 第七届"高教杯"成图大赛
　　——尺规绘图二等奖；
● 2012—2013年武汉大学成图大赛
　　——校级二等奖；

参赛感言：
　　暑假和老师还有同学们在一起每日训练，每天从早到晚图图，虽然累，但是能感受到快乐。非常感谢老师和同学们的陪伴。这次比赛我收获了很多，这些收获我会一直珍藏在心里。经过30多天高强度的训练，自己在建模、读图、建筑结构知识方面都得到了非常迅速的提高。

2015年第八届"高教杯"全国大学生成图创新大赛——城市设计学院团队

- 01 -
赵梦妮
（队长）

专业：城市规划　学号：2012301540002

获奖经历：
第七届"高教杯"成图大赛
——尺规绘图二等奖；
第八届"高教杯"成图大赛
——个人全能二等奖、尺规一等奖；

参赛感言：
准备竞赛的过程就好像重回高三课堂，很多个日日夜夜纯粹地在完成一件事情，不断学习新的知识，不断练习制图技巧，不仅锻炼了专业技能和学习能力，更是在自由的大学时光中磨炼了意志。我很幸运在此过程中得到许多老师的指导和同学们的陪伴，这是我大学生涯中很有意义的一段经历。我收获了知识、可贵的友谊，并树立了自信。

团队领队： 詹 平
指导教师： 陆由　夏唯　匡松　王永祥
教学督导： 詹 平　杨建思
团队成员： 赵梦妮　陈 颖　史雅楠　李俊良
　　　　　　　索巧娅　施立阳
获奖情况： 建筑类团体奖1项　个人奖5项

建筑类团体二等奖1项：赵梦妮　陈 颖　史雅楠
　　　　　　　　　　　李俊良　索巧娅
建筑类全能二等奖1项：赵梦妮
建筑类尺规一等奖2项：史雅楠　赵梦妮
建筑类尺规二等奖1项：陈 颖
建筑类建模二等奖1项：史雅楠

- 02 -
陈 颖

专业：城市规划　学号：2012302290062

获奖经历：
● 第七届"高教杯"成图大赛
——尺规绘图二等奖；
● 第八届"高教杯"成图大赛
——尺规绘图二等奖；

参赛感言：
相比去年，其实今年比赛周期更短，心理压力更大。不过，在整个暑期培训中踏踏实实一步一个脚印跟着老师的方法上，到最后对比赛的心态就成了"对得起自己的付出和努力就好了"。好在，结果还算满意。当然，最该感谢的就是詹老师、路老师和夏老师了，是他们不畏酷暑地始终与我们一起，把所有知识技巧倾囊相授。还有就是感谢给力的队友！

- 03 -
施立阳

专业：建筑学　学号：2012301530001

获奖经历：
● 第八届"高教杯"成图大赛
——建筑类团体二等奖；
● 2015—2016年武汉大学成图大赛
——校级一等奖；

参赛感言：
这次参加成图大赛，收获颇丰。在暑期集训的日子里，我锻炼了自己快速绘制建筑手工图的能力，也锻炼了自己熟练使用软件的能力。在暑假集训的日子里，队员们同甘共苦，一起学习，互相帮助，在同学和老师们的帮助之下有了很大提高。在成图大赛的学习路上，感谢认真负责的詹老师、夏老师和路老师的悉心教导。这一段旅程我收获了友谊，学会了坚持与奋斗。

- 04 -
史雅楠

专业：城市规划　学号：2012301540062

获奖经历：
● 第八届"高教杯"成图大赛
——建筑类建模二等奖；
● 第八届"高教杯"成图大赛
——尺规绘图一等奖；

参赛感言：
大学以来，我参加了第八届高教杯全国大学生先进成图技术大赛并获得手工制图一等奖等奖项，参加成图大赛不仅让我收获了奖项，同时在培训的过程中获得了深厚的师生情、友情。一同培训的小伙伴相互勉励，互相督促，在学习的三个月里共同进步，正是这种团结协作的精神才使我们在这项团队合作的比赛中获得成功。

- 05 -
李俊良

专业：城市规划　学号：2014301530040

获奖经历：
● 第八届"高教杯"成图大赛
——建筑类团体二等奖；
● 2015—2016年武汉大学成图大赛
——校级一等奖；

参赛感言：
在最后备考的一个多月里，我结识了一群志同道合的师友，大家一起学习建模知识，一起探讨难题问题，一起进步。通过参加这次比赛，我不仅巩固了以前所学的专业知识，更是学到了这个行业前沿的知识，进一步体会了温故而知新的古训，明白了学无止境，进步不止的道理。感谢学院对我的培养，感谢各位培训老师的支持，感谢队友们的陪伴。

- 06 -
索巧娅

专业：工程测量　学号：2012301610214

获奖经历：
● 第八届"高教杯"成图大赛
——建筑类团体二等奖；
● 2015—2016年武汉大学成图大赛
——校级一等奖；

参赛感言：
非常感谢城市设计院的老师和同学，这次比赛不仅让我学到新技能，而且结识了一群优秀又可爱的人。也非常感谢自己当时报名参加全校海选的决定，其实有时候我们缺的并不是机会，而是踏出一步的勇气。在前期的准备时间里，大家总是一起探讨遇到的难题，找到最佳方案后一齐分享成果。此次成图培训让我收获了满满的知识和可贵的友谊！

赛事寻影

2016年第九届"高教杯"全国大学生成图创新大赛——城市设计学院团队

- 01 -
陈丁武
（队长）

专业：建筑学　学号：2014301530074

获奖经历：
● 第九届"高教杯"成图大赛
　　——成图建模二等奖；
　　——开放创意竞赛团队二等奖。

参赛感言：
比赛之外更多的是认识了一群有趣的人，虽然最后的结果不是很理想，但成图培训绝对让我学到了很多真正有用的东西。

团队领队：詹 平
指导教师：路 由　孙宇宁　詹 平　丁倩
教学督导：詹 平　路 由
团队成员：陈丁武　吴晓嘉　马家慧　胡骏
　　　　　孙东洋　张可昕　王馒嘉　黄锦
　　　　　李奇家　吴国伟
获奖情况：建筑类开放赛团体奖1项　个人奖10项

建筑类开放赛二等奖1项：陈丁武　吴晓嘉　马家慧
　　　　　　　　　　　　　胡骏　孙东洋
建筑类尺规一等奖2项：胡骏　吴晓嘉
建筑类尺规二等奖4项：张可昕　吴国伟　王馒嘉
　　　　　　　　　　　李奇家
建筑类建模二等奖4项：陈丁武　马家慧　黄锦　孙东洋

- 02 -
吴晓嘉

专业：建筑学　学号：2015301530063

获奖经历：
● 第九届"高教杯"成图大赛
　　——尺规绘图一等奖；
● 第九届"高教杯"成图大赛
　　——开放创意竞赛团队二等奖；

参赛感言：
第一次参加这样的比赛，是一次难得的经历，也是一次很大的挑战。从无知而无畏，到迎难而上，其中经历了高强度的训练和一次又一次的心理斗争。在这个过程中，有许多人一直支持着我，鼓励着我。因为有他们的陪伴，才有我最后获得的这个奖项。

- 03 -
马家慧

专业：建筑学　学号：2015301530010

获奖经历：
● 第九届"高教杯"成图大赛
　　——建筑类建模二等奖；
● 第九届"高教杯"成图大赛
　　——开放创意竞赛团队二等奖；

参赛感言：
谢谢老师和校方给我这么好的一个锻炼的机会。通过这次比赛和团队合作，我收获颇丰。

- 04 -
胡骏

专业：建筑学　学号：2015301530086

获奖经历：
● 第九届"高教杯"成图大赛
　　——尺规绘图一等奖；
● 第九届"高教杯"成图大赛
　　——开放创意竞赛团队二等奖；

参赛感言：
参加这样的比赛让我获益匪浅，那种坚持不懈的精神，同学间互相帮助的情谊，师生之间的情谊都让我感触良多。我觉得比赛重要的不是结果而是过程，只有那种不放弃、不后退的过程中感到的欣慰才是让自己一直成功走下去的保障。感谢成图大赛，它让我成长！

- 05 -
孙东洋

专业：资环　学号：201311010123

获奖经历：
● 第九届"高教杯"成图大赛
　　——建筑类建模二等奖；
● 第九届"高教杯"成图大赛
　　——开放创意竞赛团队二等奖；

参赛感言：
作为一个非建筑类的学生，在这个比赛中学习到了很多制图的要求和软件使用技能，短短几个月，收获到最多的是认识了一群建筑类的学生，并合作完成了这样一个比赛，总体来说是一个很有趣的过程。

- 06 -
张可昕

专业：建筑学　学号：2015301530093

获奖经历：
● 第九届"高教杯"成图大赛
　　——尺规绘图二等奖；

参赛感言：
这次的成图大赛，从前期选拔、集训到后来去山东比赛，都给我留下了很深刻的印象。短短几个月时间，我结识了不少良师益友，也学到了很多知识。队友们互相鼓励的日子真的很难忘，那段时间虽然艰苦但收获真的很多。

- 07 -
黄锦

专业：资环　学号：2014301110154

获奖经历：
● 第九届"高教杯"成图大赛
　　——建筑类建模二等奖；

参赛感言：
这段培训时间里，有过怀疑，有过埋怨，很庆幸有自己的坚持，同学的陪伴，老师的监督，很感谢一直帮助我，给予我知识的老师，很感谢城设组一群可爱的小伙伴，那些我们一起吐槽并分享的日子，那些我们一起走过的路、看过的风景，无论什么时候，都值得再回忆，再聚首。

- 08 -
李奇家

专业：建筑学　学号：2014301530012

获奖经历：
● 第九届"高教杯"成图大赛
　　——尺规绘图二等奖；

参赛感言：
在准备这次成图竞赛的过程中，我颇有收获。一方面，对手工画图有了更多的心得和感悟；于手工画图的筹备过程中，熟悉了天正，CAD的一些使用，对原来自己完全没怎么接触的3Dmax有了一些基本的了解，为以后使用这个软件打下了基础。

- 09 -
王馒嘉

专业：设计　学号：2015300820037

获奖经历：
● 第九届"高教杯"成图大赛
　　——尺规绘图二等奖；

参赛感言：
每一次经历都是生活给予的宝贵经验，是成长的必然。在准备成图大赛这一段日子里，我有很多收获，也有很多感触。大赛让我真正地从课本中走了出去，让我见识到建筑的魅力，也让我认识了更多朋友，更让我了解了自己在建模方面的不足。

- 10 -
吴国伟

专业：规划　学号：2015301530020

获奖经历：
● 第九届"高教杯"成图大赛
　　——尺规绘图二等奖；

参赛感言：
人事未尽，何以听天命？

2017年第十届"高教杯"全国大学生成图创新大赛——城市设计学院团队

- 01 -
张殿恒
（队长）

专业：建筑学　　学号：2014301530086

获奖经历：
- 第十届"高教杯"成图大赛
　　　　—— 个人全能二等奖；
　　　　—— 建筑类团体二等奖；

参赛感言：
　　作为一个高年级的学生，参加成图大赛，意识到了自己还有很多方面的不足，在以后的学习生活中要更加的努力来提升自我。在这个过程中最重要的是结识了很多活泼的同学以及严格又和蔼的老师，非常感谢他们。这个暑假的历程，很值得！希望更多的的人能参与到成图大赛中来，为成图这个大团体再添辉煌。

团队领队：詹 平
指导教师：路 由　丁 倩　陈丁武　詹 平
教学督导：詹 平　路 由
团队成员：张殿恒　陈昶宇　马梦艳　李希冉
　　　　　叶 崴
获奖情况：建筑类团体奖1项　个人奖9项

建筑类团体二等奖1项：张殿恒　陈昶宇　马梦艳
　　　　　　　　　　　李希冉　叶 崴
建筑类全能二等奖4项：张殿恒　陈昶宇　马梦艳
　　　　　　　　　　　叶 崴
建筑类尺规一等奖2项：陈昶宇　马梦艳
建筑类尺规二等奖1项：李希冉
建筑类建模一等奖1项：叶 崴
建筑类建模二等奖1项：李希冉

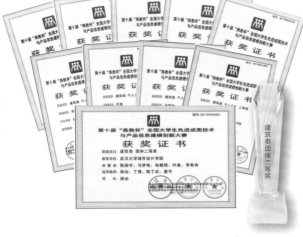

- 02 -
陈昶宇

专业：建筑学　　学号：2016301530091

获奖经历：
- 第十届"高教杯"成图大赛
　　　　—— 尺规绘图一等奖；
- 第十届"高教杯"成图大赛
　　　　—— 建筑类建模二等奖；

参赛感言：
　　老师很细心地指导我们，一个团队的同学也相处得很愉快，也很幸运能认识细心指导我们的学长学姐，可能最后的结果不是特别圆满，但过程还是感觉很充实的，也很开心。训练的闲暇之余老师还会贴心来给我们送冰棍和饮料。很感谢这次参赛机会能让我完善自己，度过这样一个充实的暑假。

- 03 -
马梦艳

专业：建筑学　　学号：2016301530089

获奖经历：
- 第十届"高教杯"成图大赛
　　　　—— 尺规绘图一等奖；
- 第十届"高教杯"成图大赛
　　　　—— 个人全能二等奖；

参赛感言：
　　很幸运能参加这次比赛，对我来说，最令人难忘的不是去比赛的几天，而是和大家一起培训的日子，虽然那几天会比较累，但和大家一起训练的感觉很棒。与老师进行了交流，感觉自己学到了很多东西，也明白了自己还有更多的东西要学习，这激励了我在今后的学习生活中更加努力，向优秀的学长学姐们学习。

- 04 -
李希冉

专业：建筑学　　学号：2016301530090

获奖经历：
- 第十届"高教杯"成图大赛
　　　　—— 建筑类建模二等奖；
- 第十届"高教杯"成图大赛
　　　　—— 尺规绘图二等奖；

参赛感言：
　　在准备成图大赛的这几个月里，我感觉学到了很多东西，然后对自己的专业有了进一步的了解，为自己的专业奠定了一定的基础。有许多可爱的老师和我们一起努力，真正体会到了和老师做朋友的感觉，这次比赛，有同窗好友，有可爱的老师，有耐心的学长，真的很开心也很幸运参加了成图大赛。

- 05 -
叶 崴

专业：建筑学　　学号：2016301530096

获奖经历：
- 第十届"高教杯"成图大赛
　　　　—— 建筑类建模一等奖；
- 第十届"高教杯"成图大赛
　　　　—— 建筑类全能二等奖；

参赛感言：
　　为了参加成图大赛，暑假在学校培训的一个月还是感觉挺累的，不过现在看起来时间还过得挺快的，作为大一的新生，手工制图和电脑制图能力都得到了很大的提升，进一步巩固了学科上的基础。我不仅学到了专业技能，更是结识了很多志同道合的伙伴，十分感谢老师能够给我这次机会，使之成为我大学生活最难忘的经历！希望更多的同学能来参加。

赛事寻影

2018年第十一届"高教杯"全国大学生成图创新大赛——城市设计学院团队

-01-
陈昶宇
(队长)

专业：建筑学　学号：2016301530091

获奖经历：
● 第十一届"高教杯"成图大赛
——建筑类建模二等奖；
● 第十一届"高教杯"成图大赛
——建筑类尺规一等奖；

参赛感言：
第二次参加成图大赛了，今年很荣幸当了一下队长，看到大家在平时一起训练、一起讨论更优的办法，然后在课余也可以一起玩耍，就觉得很开心。感觉终于完成了一个目标。也很感谢老师对我们的指导和帮助，希望明年武大城设还能有好成绩。

团队领队：詹平
指导教师：詹平　路由　焦红赞　丁倩　石习磊
教学督导：詹平
团队成员：陈昶宇　马梦艳　李希冉　陈婕　陈卓清　卢烨鑫　文艺　郭思辰　邱淑冰
获奖情况：建筑类团体奖1项　个人奖12项
建筑类团体一等奖1项：陈昶宇　马梦艳　李希冉　陈婕　陈卓清
建筑类尺规一等奖5项：陈昶宇　马梦艳　陈婕、陈卓清　卢烨鑫
建筑类尺规二等奖1项：李希冉
建筑类尺规三等奖2项：文艺　郭思辰
建筑类建模一等奖1项：陈婕
建筑类建模二等奖2项：陈昶宇　马梦艳
建筑类建模三等奖1项：郭思辰

-02-
马梦艳

专业：建筑学　学号：2016301530089

获奖经历：
● 第十一届"高教杯"成图大赛
——建筑类建模二等奖；
● 第十一届"高教杯"成图大赛
——建筑类尺规一等奖；

参赛感言：
很荣幸能够再次参加成图大赛，在培训的过程中认识了新的同学，大家一起训练、一起探讨方法，这使得大家的感情更加深厚。除此之外，通过一系列的训练、老师的指导和大家的探索，我们的技能也得到了提高，这为我们专业的学习打下了基础。总之，很高兴能参加成图比赛，谢谢老师提供给我们的机会！

-03-
李希冉

专业：建筑学　学号：2016301530090

获奖经历：
● 第十一届"高教杯"成图大赛
——建筑类尺规二等奖；
● 第十一届"高教杯"成图大赛
——建筑类建模二等奖；

参赛感言：
这次参赛是第二次，仍然有满满的感动，同学们都非常努力，老师们也竭尽全力地来帮助我们，为我们创造了非常好的条件，尽力解决平常练习中出现的问题。但是，这一次也有诸多遗憾，自己取得的成绩并不是特别的满意，希望以后继续努力，做更好的自己。

-04-
陈婕

专业：建筑学　学号：2014301580059

获奖经历：
● 第十一届"高教杯"成图大赛
——建筑类尺规一等奖；
● 第十一届"高教杯"成图大赛
——建筑类建模一等奖；

参赛感言：
本次参赛使我受益匪浅，不仅是重新从绘图角度了解了建筑学，更是让我了解到制图的真正意义所在。同时，锻炼了我们坚持的好品格，集训的时候每天要早早去画图，很晚才回来，和队友相约打卡时间绘图建模，那种紧张感和紧迫感激发了我们的另一面，让我们不断进步。

-05-
陈卓清

专业：建筑学　学号：2015301530022

获奖经历：
● 第十一届"高教杯"成图大赛
——建筑类尺规一等奖；
● 2018年武汉大学成图大赛一等奖；

参赛感言：
作为已经大三的"老年人"却是第一次参加成图比赛，心里还是很忐忑的，虽然说大学三年了对一些软件的熟悉程度比较高，但是比赛和日常的软件使用还是有很大的区别。最开始被选上成为国赛队员很激动但是也很害怕拖后腿的学妹们的后腿。希望大家以后也继续努力，未来可期！

-06-
卢烨鑫

专业：建筑学　学号：2017301530007

获奖经历：
● 第十一届"高教杯"成图大赛
——建筑类尺规一等奖；
● 2018年武汉大学成图大赛一等奖；

参赛感言：
这是我第一次参加成图比赛，幸得有家里的支持、老师的指导、学姐们的帮助、朋友的鼓劲、自己的努力，最终我才得以取得一点成绩。成图这事说起来最后更多的还是日常的坚持。值得感慨的是，为了心中的那一抹倔强，自己也是最终坚持下来了。念念不忘，必有回响。

-07-
文艺

专业：建筑学　学号：2016301530097

获奖经历：
● 第十一届"高教杯"成图大赛
——建筑类尺规三等奖；
● 2018年武汉大学成图大赛一等奖；

参赛感言：
首先很幸运在大二结束之际的暑假能得到参加成图大赛的机会，为这个重要的转折点增添了更多意义。经过成图培训，自己的画图、建模能力得到了锻炼和提高，无形中也对平日课内学到的建筑知识进行了查漏补缺，受益匪浅。

-08-
郭思辰

专业：建筑学　学号：2016301530036

获奖经历：
● 第十一届"高教杯"成图大赛
——建筑类尺规三等奖；
● 第十一届"高教杯"成图大赛
——建筑类建模三等奖；

参赛感言：
参加成图的收获比我想象的更多，可能结果不尽如人意，但的确是付出和回报成正比的。暑假因为有了成图而充实，飞速的鼠标和利落的画线，阳光铺满的早晨和铃声响起的黑夜，三楼的自习室门口贴着成图专用的纸条……是我专注的团队和很负责认真的老师陪我们一起走过长长的夏日，很感激，也很怀念。

-09-
邱淑冰

专业：建筑学　学号：2017301530106

获奖经历：
● 2018年武汉大学成图大赛一等奖；

参赛感言：
扎扎实实的审视图纸的每一个细节，才知那三视图里投射的，是追求卓越的工匠精神；是我们成图人一丝不苟的坚守；方圆尺规，是我们成图人严丝合缝的求是。

2019年第十二届"高教杯"全国大学生成图创新大赛——城市设计学院团队

团队领队：詹 平
指导教师：夏 唯 丁 倩 周 俊 詹 平
教学督导：詹 平
团队成员：陈 婕 陈卓清 徐洁颖 张芷晗
　　　　　张远航 谢 潇 高景峰 李靖宜
　　　　　郭佳奕

获奖情况： 建筑类团体奖2项 个人奖19项

建筑类团体一等奖1项：陈 婕 陈卓清
　　　　　　　　　　　徐洁颖 张芷晗 张远航
建筑类BIM团体二等奖1项：陈 婕 陈卓清
建筑类尺规作图一等奖3项：高景峰 陈卓清 谢 潇
建筑类尺规作图二等奖5项：陈 婕 李靖宜 徐洁颖
　　　　　　　　　　　　　张远航 郭佳奕
建筑类建模一等奖1项：张芷晗
建筑类建模二等奖4项：高景峰 李靖宜 陈卓清 谢 潇
建筑类建模三等奖4项：徐洁颖 张远航 郭佳奕 陈 婕
建筑类BIM一等奖1项：陈卓清
建筑类BIM三等奖1项：陈 婕

第十二届"高教杯"全国大学生先进成图技术
与产品信息建模创新大赛

获 奖 证 书

– 01 –
陈 婕
（队长）

专业：建筑学	学号：2014301580059

● 第十二届"高教杯"成图大赛
　　　　——建筑类尺规二等奖；
● 第十二届"高教杯"成图大赛
　　　　——建筑类建模二等奖。

　　2018年与2019年连续两年的参赛经历教会了我许多，使我懂得了坚持带给自己的重要意义。感谢老师们辛勤的教学以及生活中对我们的帮助，与队友们的携手并进更让我明白了团队协作的重要性，在成图队两年的时光教会了我很多，也是我大学生活中浓墨重彩的一笔。

– 02 –
陈卓清
（队长）

专业：建筑学	学号：2015301530022

● 第十二届"高教杯"成图大赛
　　　　——建筑类尺规一等奖；
● 第十二届"高教杯"成图大赛
　　　　——建筑类建模二等奖。

　　2018—2019年连续两年参加成图比赛，积累了很多知识与经验教训，也收获了很多荣誉和感动。和队友们一起奋斗的日子也非常开心和值得。在大学里有幸加入成图的大家庭真的非常开心，老师们就像慈爱的大家长们一样。希望未来成图团队也能继续取得更多更好的成绩！

– 03 –
徐洁颖

专业：建筑学	学号：2018302091081

● 第十二届"高教杯"成图大赛
　　　　——建筑类尺规二等奖；
● 第十二届"高教杯"成图大赛
　　　　——建筑类建模三等奖。

　　从初赛到决赛，成图大赛是一条为期四个月的漫漫长路。如今回望，我感谢这份坚持。集体参赛培养了队友和老师之间深厚的情谊，也增强了城设大家庭的凝聚力。感谢一直以来全心付出、不辞辛苦的各位老师。

– 04 –
张芷晗

专业：城市设计	学号：2018302091101

● 第十二届"高教杯"成图大赛
　　　　——建筑类尺规一等奖；
● 第十二届"高教杯"成图大赛
　　　　——建筑类建模一等奖。

　　这次成图比赛对于我来说是一次十分难忘的经历，不仅使我学习到了成图的理论知识和相关软件的应用，也提高了我对软件方面的学习热情，增强了对自己的信心。感谢老师的教学、同学的帮助和我自己的坚持，未来继续加油！

– 05 –
张远航

专业：城乡规划	学号：2017301530044

● 第十二届"高教杯"成图大赛
　　　　——建筑类尺规二等奖；
● 第十二届"高教杯"成图大赛
　　　　——建筑类建模三等奖。

　　成图大赛是与我们专业紧密相连的竞赛，在备战中我最重要的不是在于最后的成绩如何，而是因为共同的目标与爱好所结识的一群有趣的同学和老师，比赛的内容也是我们专业所特别需要具备的能力，可谓一举多得。

– 06 –
谢 潇

专业：建筑学	学号：2018302100215

● 第十二届"高教杯"成图大赛
　　　　——建筑类尺规一等奖；
● 第十二届"高教杯"成图大赛
　　　　——建筑类建模二等奖。

　　在高教杯成图大赛的培训过程中，我从一个一无所知的"画图小白"进化成了一个有能力参加全国竞赛的"画图手"，成图大赛是一个非常值得每个人去尝试的大赛，而我也会把竞赛中形成的学习习惯和掌握的绘图知识运用到我的学习中。

– 07 –
高景峰

专业：城乡规划	学号：2018302091090

● 第十二届"高教杯"成图大赛
　　　　——建筑类尺规一等奖；
● 第十二届"高教杯"成图大赛
　　　　——建筑类建模二等奖。

　　此次高教杯成图大赛中，我们同其他高校同场竞技，开拓眼界，增长见识，并取得了优异的成绩。培训期间，我们团队成员间相互合作，相互探讨，共同进步，分享经验心得，及时纠错改正。感谢老师们和学长学姐们的辛勤教学和陪伴引领，希望我校团队能再创辉煌，为校争光！

– 08 –
李靖宜

专业：建筑学	学号：2018302091083

● 第十二届"高教杯"成图大赛
　　　　——建筑类尺规二等奖；
● 第十二届"高教杯"成图大赛
　　　　——建筑类建模二等奖。

　　经过此次成图大赛的培训，我的建模软件使用能力大大提高，并且掌握了许多提高尺规绘图和建模效率的技巧和方法，也学习到了更多的建筑设计和建筑制图规范，这些知识会让我在之后的专业学习中受益匪浅。希望可以和老师同学们一起取得更加优异的成绩！

– 09 –
郭佳奕

专业：建筑学	学号：2015302650086

● 第十二届"高教杯"成图大赛
　　　　——建筑类尺规二等奖；
● 第十二届"高教杯"成图大赛
　　　　——建筑类建模三等奖。

　　通过这次成图大赛，我可以熟练地使用revit、天正等软件，为之后bim工作打下了基础，提高了建模的速度，很好地锻炼了我们的读图和空间想象能力，增强了我们对空间的感受能力，可以让计算机更好地辅助设计。

2020年第十三届"高教杯"全国大学生成图创新大赛——城市设计学院团队

- 01 -
王紫琳
（队长）

专业：建筑学　学号：2018302091035

获奖经历：
- 第十三届"高教杯"全国成图大赛
　　　——建筑类尺规绘图三等奖；
- 第十三届"高教杯"全国成图大赛
　　　——基础知识竞赛二等奖；
- 第十三届"高教杯"全国成图大赛
　　　——建筑类团体一等奖；
- 2020年武汉大学成图设计创新大赛
　　　——校级一等奖；

参赛感言：
这次成图大赛与往年很不一样，长达八个月的训练时长以及全新的线上比赛形式都让我有些猝不及防，好在队友们实力过于强大，弥补了我的巨大失误，最终团队的成绩也还令人满意。如果有缘，2021年成图线下赛场再见！

团队领队：詹 平
指导教师：夏 唯 刘 永 邓莉霞 詹 平
教学督导：詹 平
团队成员：王紫琳 许琪敏 吴楚风 潘凌风
　　　　　罗文杉 李飞扬 张溢格 曾雨蕾
　　　　　唐珮珮 陈学冠 路 畅 李逸馨
获奖情况：建筑类团体奖1项、个人奖12项、
　　　　　优秀教师奖4项

建筑类团体 一等奖 1项：王紫琳 吴楚风 潘凌风
　　　　　　　　　　　罗文杉 李飞扬
建筑类建模 一等奖 1项：路 畅
建筑类建模 二等奖 4项：潘凌风 李飞扬 曾雨蕾 陈学冠
建筑类建模 三等奖 3项：许琪敏 张溢格 李逸馨
建筑类尺规 一等奖 2项：吴楚风 罗文杉
建筑类尺规 三等奖 2项：王紫琳 唐珮珮
优秀指导教师建筑类 一等奖 4项：夏 唯 刘 永
　　　　　　　　　　　　　　　 詹 平 邓莉霞

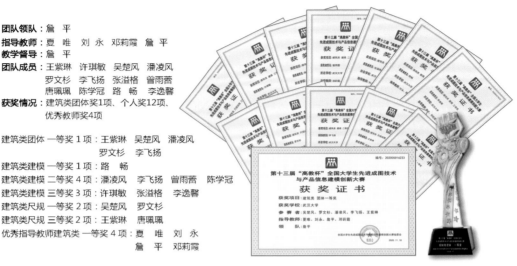

- 02 -
罗文杉

专业：建筑学（中外合作）　学号：2019302091016

获奖经历：
- 第十三届"高教杯"全国成图大赛
　　　——建筑类尺规绘图一等奖；
- 第十三届"高教杯"全国成图大赛
　　　——基础知识竞赛三等奖；
- 第十三届"高教杯"全国成图大赛
　　　——建筑类团体一等奖；
- 2020年武汉大学成图设计创新大赛
　　　——校级一等奖；

参赛感言：
从三月份开始的BIM培训，到暑假期间自主组织训练，再到开学以后每周自己的继续复习，不仅是对自己是否能够坚持长达九个月的挑战，更是一次难忘的参赛经历。在整个过程中，学到了新技能，交到了新朋友，也能督促自己克制惰性，虽然有些许艰辛，但是真的是一件很值得的事情。

- 03 -
吴楚风

专业：建筑学（中外合作）　学号：2019302091013

获奖经历：
- 第十三届"高教杯"全国成图大赛
　　　——建筑类尺规绘图一等奖；
- 第十三届"高教杯"全国成图大赛
　　　——基础知识竞赛一等奖；
- 第十三届"高教杯"全国成图大赛
　　　——建筑类团体一等奖；
- 2020年武汉大学成图设计创新大赛
　　　——校级一等奖；

参赛感言：
对于我来说，从准备到参加比赛的整个过程中，感触最深的就是如何在"持久战"中稳定心态，坚持不懈。我们的信念是，整理好心态，从容地面对比赛才是最重要的。最终，我们在赛场上厚积薄发，终不负众望，取得了理想的成绩。

- 04 -
潘凌风

专业：建筑学（中外合作）　学号：2019302091012

获奖经历：
- 第十三届"高教杯"全国成图大赛
　　　——建筑类尺规绘图二等奖；
- 第十三届"高教杯"全国成图大赛
　　　——基础知识竞赛一等奖；
- 第十三届"高教杯"全国成图大赛
　　　——建筑类团体一等奖；
- 2020年武汉大学成图设计创新大赛
　　　——校级一等奖；

参赛感言：
怀着学习绘图建模技能，证明自己工图实力的初衷首次参加成图大赛，却不幸遇到新冠疫情的糟糕现状，使得两轮培训不得不采取线上进行的方式。在老师的帮助与队员间的默契配合下，最终取得了不错的成绩，为持续将近半年的成图培训画上了完美的句号，也成功地回应了自己的初衷。

- 05 -
李飞扬

专业：建筑学　学号：2018302091071

获奖经历：
- 第十三届"高教杯"全国成图大赛
　　　——建筑类建模二等奖；
- 第十三届"高教杯"全国成图大赛
　　　——建筑类团体一等奖；
- 2020年武汉大学成图设计创新大赛
　　　——校级一等奖；

参赛感言：
尺规绘图真的很酷！当不同粗细的铅笔伸出毫米级精确的笔尖与雕刻着理性数字的透明尺紧紧相依，与细腻而厚重的细纹纸激烈地摩擦，将碳与铅渗进曲折的纤维中，一条干净利落的线条就这样完成了。真是不可思议的一次经历呢。

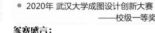

2020年第十三届"高教杯"全国大学生成图创新大赛——城市设计学院团队

- 01 -
许琪敏
（队长）

专业：城市规划　学号：2018302091067

获奖经历：
- 第十三届"高教杯"全国成图大赛
  ——建筑类建模三等奖；
- 第十三届"高教杯"全国成图大赛
  ——基础知识竞赛二等奖；
- 2020年武汉大学成图设计创新大赛
  ——校级一等奖；

参赛感言：
　　长达八个多月的培训，从线上到线下，我很庆幸坚持到了最后，这将是我大学生涯里无比难忘的经历。感恩队友们，在我有疑难的时候给予热心的帮助，让我收获了远比奖项和荣誉更重要的东西！

团队领队：詹 平
指导教师：夏 唯　刘 永　邓莉霞　詹 平
教学督导：詹 平
团队成员：王紫琳　许琪敏　吴楚风　潘凌风
　　　　　　　罗文杉　李飞扬　张溢格　曾雨蕾
　　　　　　　唐珮珮　陈学冠　路 畅　李逸馨
获奖情况：建筑类团体奖1项、个人奖12项、
　　　　　　　优秀教师奖4项

建筑类团体 一等奖1项：王紫琳　吴楚风　潘凌风
　　　　　　　　　　　　　罗文杉　李飞扬
建筑类建模 一等奖1项：路 畅
建筑类建模 二等奖4项：潘凌风　李飞扬　曾雨蕾　陈学冠
建筑类建模 三等奖3项：许琪敏　张溢格　李逸馨
建筑类尺规 一等奖2项：吴楚风　罗文杉
建筑类尺规 三等奖2项：王紫琳　唐珮珮
优秀指导教师建筑类 一等奖4项：夏 唯　刘 永
　　　　　　　　　　　　　　　詹 平　邓莉霞

第十三届"高教杯"全国大学生先进成图技术与产品信息建模创新大赛
获 奖 证 书
获奖项目：建筑类 团体一等奖
获奖学校：武汉大学
参 赛 者：吴楚风　罗文杉　潘凌风　李飞扬　王紫琳
指导教师：夏唯、刘永、詹平、邓莉霞
领　队：詹平

- 02 -
路 畅

专业：建筑学（中外合作）　学号：2019302091031

获奖经历：
- 第十三届"高教杯"全国成图大赛
  ——建筑类建模一等奖；
- 第十三届"高教杯"全国成图大赛
  ——基础知识竞赛三等奖；
- 2020年武汉大学成图设计创新大赛
  ——校级一等奖；

参赛感言：
　　八个字：纯属意外，受宠若惊。我工图天赋较低，尤其在电脑建模方面毫无天赋可言。国赛之前我三四个月没碰Revit以至于我忘记了它是什么，比赛开始前还问了旁边的同学哪个软件是比赛要用的。绘图的时候自动笔坏掉，没办法了。

- 03 -
曾雨蕾

专业：城市规划　学号：2018302091102

获奖经历：
- 第十三届"高教杯"全国成图大赛
  ——建筑类建模二等奖；
- 第十三届"高教杯"全国成图大赛
  ——基础知识竞赛一等奖；
- 2020年武汉大学成图设计创新大赛
  ——校级一等奖；

参赛感言：
　　这一次长达近两个学期的参赛经历可谓克服了重重困难。获了很多，结识了一批非常优秀的同学。虽然过程十分漫长也有时候想过放弃，但是在同学间的鼓励下坚持了下来。最后的结果也让我明白，这一切都值得。

- 04 -
唐珮珮

专业：建筑学　学号：2019302090018

获奖经历：
- 第十三届"高教杯"全国成图大赛
  ——建筑类尺规三等奖；
- 第十三届"高教杯"全国成图大赛
  ——基础知识竞赛二等奖；
- 2020年武汉大学成图设计创新大赛
  ——校级一等奖；

参赛感言：
　　我认为，每一次的比赛经历都是吸收经验、增长阅历、丰富生活的宝贵机会。这次参加"高教杯"的比赛更是如此。经过高教杯的历练，我深深地体会到书本知识和项目实战还是存在很大的差异，一下让我们看到了自己的薄弱之处。

- 05 -
陈学冠

专业：城市规划　学号：2019312090015

获奖经历：
- 第十三届"高教杯"全国成图大赛
  ——建筑类建模二等奖；
- 第十三届"高教杯"全国成图大赛
  ——基础知识竞赛二等奖；
- 2020年武汉大学成图设计创新大赛
  ——校级一等奖；

参赛感言：
　　得知自己得奖后，回想到经历了约半年时间的训练，辛苦也是值得的。我最后得到的并不只是专业知识，更多的是荣誉感。能获得这个奖项非常高兴，在今后的日子里，我会更加努力地学习，让自己踏上更高的台阶。

- 06 -
张溢格

专业：建筑学　学号：2019302090035

获奖经历：
- 第十三届"高教杯"全国成图大赛
  ——建筑类建模三等奖；
- 第十三届"高教杯"全国成图大赛
  ——基础知识竞赛一等奖；
- 2020年武汉大学成图设计创新大赛
  ——校级一等奖；

参赛感言：
　　这次比赛由于是第一届线上，受形式影响没能发挥好，但竞赛培训过程中收获的专业知识和提升的技能是无法用奖项衡量的！而且本身竞赛培训的三维和二维内容与正常课业内容有一定交叉和互补，能学到这么多东西，绝对值得！

2020年第十三届"高教杯"全国大学生先进成图创新设计大赛
武汉大学建筑专业考场

- 07 -
李逸馨

专业：建筑学　学号：2018302091046

获奖经历：
- 第十三届"高教杯"全国成图大赛
  ——建筑类建模三等奖；
- 第十三届"高教杯"全国成图大赛
  ——基础知识竞赛二等奖；
- 2020年武汉大学成图设计创新大赛
  ——校级一等奖；

参赛感言：
　　由于疫情原因，准备成图大赛的这个暑假变得格外漫长，但在这样的日子里，成图大赛的集训和课程，让在家自由散漫的我有了事情可做，使我进一步了解建筑施工，建筑制图，对建筑本身有了更深的体会，能够从更多的层次和维度去看待建筑。

2009年第二届"高教杯"全国大学生成图创新大赛——土木工程学院团队

- 01 -
张行强
（队长）

专业：土木工程　　学号：200731550108
获奖经历：
- 第二届"高教杯"全国成图大赛
　　　——建筑类团体一等奖；
- 第二届"高教杯"全国成图大赛
　　　——建筑类全能一等奖；
- 第二届"高教杯"全国成图大赛
　　　——建筑类建模一等奖；
- 保送浙江大学研究生。

团队领队：路 由
指导教师：张 竞 孙宇宁 刘 永
教学督导：密新武

团队成员：张行强 全冠 何楂 黄哲辉 刑旺

获奖情况：团体奖1项 个人奖10项

建筑类团体 一等奖1项：张行强 全冠 何楂 黄哲辉 刑旺
建筑类全能 一等奖5项：张行强 全冠 何楂 黄哲辉 刑旺
建筑类全能 二等奖1项：张文龙
建筑类建模 一等奖5项：张文龙 全冠 刑旺 张行强 黄哲辉
建筑类建模 二等奖2项：肖龙 齐佳欣
建筑类绘图 一等奖2项：何楂 孔晓璇
建筑类尺规 二等奖2项：齐桓若 韦翠梅

- 02 -
黄哲辉

专业：土木工程　　学号：200731550189
获奖经历：
- 第二届"高教杯"全国成图大赛
　　　——建筑类团体一等奖；
- 第二届"高教杯"全国成图大赛
　　　——建筑类全能一等奖；
- 第二届"高教杯"全国成图大赛
　　　——建筑类建模一等奖；

- 03 -
全冠

专业：土木工程　　学号：200730820013
获奖经历：
- 第二届"高教杯"全国成图大赛
　　　——建筑类团体一等奖；
- 第二届"高教杯"全国成图大赛
　　　——建筑类全能一等奖；
- 第二届"高教杯"全国成图大赛
　　　——建筑类建模一等奖；
- 保送浙江大学研究生。

- 04 -
刑旺

专业：土木工程　　学号：200731550205
获奖经历：
- 第二届"高教杯"全国成图大赛
　　　——建筑类团体一等奖；
- 第二届"高教杯"全国成图大赛
　　　——建筑类全能一等奖；
- 第二届"高教杯"全国成图大赛
　　　——建筑类建模一等奖；
- 保送武汉大学研究生。

- 05 -
何楂

专业：土木工程　　学号：200731550139
获奖经历：
- 第二届"高教杯"全国成图大赛
　　　——建筑类团体一等奖；
- 第二届"高教杯"全国成图大赛
　　　——建筑类全能一等奖；
- 第二届"高教杯"全国成图大赛
　　　——建筑类绘图一等奖；
- 保送广州设计院研究生。

- 06 -
李舒

专业：土木工程　　学号：200731550203
获奖经历：
- 第二届"高教杯"全国成图大赛
　　　——建筑类团体一等奖；
- 第二届"高教杯"全国成图大赛
　　　——建筑类全能一等奖；
- 第二届"高教杯"全国成图大赛
　　　——建筑类绘图一等奖；
- 保送广州设计院研究生。

- 07 -
肖龙

专业：土木工程　　学号：200731550107
获奖经历：
- 第二届"高教杯"全国成图大赛
　　　——建筑类团体一等奖；
- 第二届"高教杯"全国成图大赛
　　　——建筑类全能一等奖；
- 第二届"高教杯"全国成图大赛
　　　——建筑类建模一等奖；
- 保送浙江大学研究生。

- 08 -
孔晓璇

专业：土木工程　　学号：200830155002
获奖经历：
- 第二届"高教杯"全国成图大赛
　　　——建筑类团体一等奖；
- 第二届"高教杯"全国成图大赛
　　　——建筑类全能一等奖；
- 第二届"高教杯"全国成图大赛
　　　——建筑类建模一等奖；
- 保送浙江大学研究生。

- 09 -
张文龙

专业：土木工程　　学号：200731550198
获奖经历：
- 第二届"高教杯"全国成图大赛
　　　——建筑类团体一等奖；
- 第二届"高教杯"全国成图大赛
　　　——建筑类全能一等奖；
- 第二届"高教杯"全国成图大赛
　　　——建筑类建模一等奖；
- 保送浙江大学研究生。

2010年第三届"高教杯"全国大学生成图创新大赛——土木工程学院团队

- 01 -
王逸珂
(队长)

专业：土木工程　　学号：2008301550073

获奖经历：

●2010武汉大学图形技术大赛
　　　　　　——校级一等奖；

团队领队：彭 华 詹 平
指导教师：陈永喜 路 由 詹 平
教学督导：密新武

团队成员：王逸珂 毕绪驰 刘盼 齐佳欣 谭寰 文浩 文颖波

获奖情况：个人奖6项

建筑类全能 一等奖1项：文浩
建筑类全能 二等奖1项：齐佳欣
建筑类建模 二等奖2项：谭寰 毕绪驰
建筑类尺规 二等奖2项：文颖波 刘盼

- 02 -
文 浩

专业：土木工程　　学号：2008301550075

获奖经历：

●第三届"高教杯"全国成图大赛
　　　　　　——建筑类全能一等奖；
●2010年武汉大学图形技术大赛
　　　　　　——校级一等奖；

- 03 -
谭 寰

专业：土木工程　　学号：2008301550193

获奖经历：

●第三届"高教杯"全国成图大赛
　　　　　　——建筑类建模二等奖；
●2010年武汉大学图形技术大赛
　　　　　　——校级二等奖；

- 04 -
刘 盼

专业：工程力学　　学号：2009301890039

获奖经历：

●第三届"高教杯"全国成图大赛
　　　　　　——建筑类尺规二等奖；
●2010年武汉大学图形技术大赛
　　　　　　——校级一等奖；

- 05 -
毕绪驰

专业：土木工程　　学号：2008301550188

获奖经历：

●第三届"高教杯"全国成图大赛
　　　　　　——建筑类建模二等奖；
●2010年武汉大学图形技术大赛
　　　　　　——校级二等奖；

- 06 -
齐佳欣

专业：土木工程　　学号：2008301550047

获奖经历：

●第三届"高教杯"全国成图大赛
　　　　　　——建筑类全能二等奖；
●2010年武汉大学图形技术大赛
　　　　　　——校级一等奖；

- 07 -
文颖波

专业：土木工程　　学号：2009301550194

获奖经历：

●第三届"高教杯"全国成图大赛
　　　　　　——建筑类尺规二等奖；
●2010年武汉大学图形技术大赛
　　　　　　——校级一等奖；

2011年第四届"高教杯"全国大学生成图创新大赛——土木工程学院团队

- 01 -
余鹏程
（队长）

专业：土木工程　学号：2009301550105

获奖经历：
- ●第四届"高教杯"全国成图大赛
　——建筑类建模二等奖；
- ●2011年武汉大学图形技术大赛
　——校级一等奖；

团队领队：彭 华 詹 平
指导教师：夏 唯 穆勤远 靳 萍 詹平
教学督导：密新武

团队成员：崔泽熙 郭晓旺 李晓峰 唐彪
　　　　　徐贞珍 叶李平 余鹏程

获奖情况：个人奖8项 优秀教师奖4项

建筑类全能 二等奖2项：郭晓旺 叶李平
建筑类建模 二等奖3项：余鹏程 催泽熙
　　　　　　　　　　　徐贞珍
建筑类尺规 一等奖2项：郭晓旺 叶李平
建筑类尺规 二等奖1项：李晓峰
优秀指导教师建筑类 一等奖4项：路由 孙宇宁
　　　　　　　　　　詹平 穆勤远

- 02 -
崔泽熙

专业：土木工程　学号：2009301550205

获奖经历：
- ●第四届"高教杯"全国成图大赛
　——建筑类建模二等奖；
- ●2011年武汉大学图形技术大赛
　——校级一等奖。

参赛感言：
　　通过这次的比赛以及前期的培训，我们的制图技术有了显著的提高，并且养成了良好的绘图习惯，同时在准备比赛的过程中磨砺了我们的意志，这些都要感谢各位老师的培养和付出。

- 03 -
郭晓旺

专业：土木工程　学号：2008301550056

获奖经历：
- ●第四届"高教杯"全国成图大赛
　——建筑类全能二等奖；
- ●第四届"高教杯"全国成图大赛
　——建筑类尺规一等奖；

参赛感言：
　　通过这次比赛我学到了很多专业知识和技能，为我能从事建筑设计工作打下了坚实的基础。和队友、老师在一起奋斗充满汗水和乐趣，很幸运能有这次机会。

- 04 -
徐贞珍

专业：土木工程　学号：2009301550097

获奖经历：
- ●第四届"高教杯"全国成图大赛
　——建筑类建模二等奖；
- ●第六届全国大学生结构设计竞赛
　——一等奖。

参赛感言：
　　参加图形技能大赛让自己学到很多，我对cad更加熟练，手绘功底增强，学习到了新软件3Dsmax。这些对自己今后的学习都有很大的帮助。

- 05 -
唐 彪

专业：土木工程　学号：2009301550102

获奖经历：
- ●2011年武汉大学图形技术大赛
　——校级二等奖；
- ●武汉大学第五届结构设计大赛
　——一等奖

参赛感言：
　　这次比赛对我影响很大，经过一个多月的培训，我对专业知识更加了解，更加有毅力面对困难，与优秀的人在一起，我学到了很多在平时学不到的东西，这是我大学路程中光辉灿烂的一笔。

- 06 -
叶李平

专业：土木工程　学号：2010301550047

获奖经历：
- ●第四届"高教杯"全国成图大赛
　——建筑类全能二等奖；
- ●第四届"高教杯"全国成图大赛
　——建筑类尺规一等奖；

参赛感言：
　　我在制图大赛中学到了很多东西，特别是制图技术和软件应用方面，另外更重要的是和队友一起奋斗的美好回忆，永远忘不了那个暑假日日夜夜画图的经历。

- 07 -
李晓峰

专业：土木工程　学号：2009301550038

获奖经历：
- ●第四届"高教杯"全国成图大赛
　——建筑类尺规二等奖；
- ●第六届全国大学生结构设计竞赛
　——一等奖

参赛感言：
　　经过图形大赛老师精心的培训，我们全方位地掌握了专业设计软件CAD及3Dmax和其他设计软件，奠定了专业基础和基本能力，也为我的学术生涯打开了第一扇门。

2012年第五届"高教杯"全国大学生成图创新大赛——土木工程学院团队

— 01 —
叶李平
（队长）

专业：土木工程　学号：2010301550047

获奖经历：

● 第五届"高教杯"全国成图大赛
——建筑类团体二等奖；
● 第五届"高教杯"全国成图大赛
——建筑类全能二等奖；

参赛感言：

图学是一门语言，看似简单，但其中有很多学问，在这里我收获了许多东西，更难忘的是暑假和大家一起的日子，感谢老师们的教导。

团队领队：詹平
指导教师：孙宇宁　刘天桢　詹平
教学督导：密新武

团队成员：叶李平　李莎　刘漾　李士平
于汉　张奥利　陈恒　湛海群

获奖情况：建筑类团体奖1项 个人奖8项

建筑类团体 二等奖 1项：叶李平 刘漾 李莎
李士平
建筑类全能 二等奖 2项：叶李平 李莎
建筑类尺规 一等奖 3项：李士平 陈恒
张奥利
建筑类尺规 二等奖 3项：叶李平 刘漾
湛海群

— 02 —
李莎

专业：土木工程　学号：2010301540022

获奖经历：

● 第五届"高教杯"全国成图大赛
——建筑类团体二等奖；
● 第五届"高教杯"全国成图大赛
——建筑类全能二等奖；

参赛感言：

这次比赛带给我的不仅是得到的奖项，更是在培训过程中学到的各种画图技巧，在我看来，画图是一项愉悦身心的活动，这次比赛会是我一生中的美好回忆。

— 03 —
刘漾

专业：土木工程　学号：2009301550127

获奖经历：

● 第五届"高教杯"全国成图大赛
——建筑类团体二等奖；
● 第五届"高教杯"全国成图大赛
——建筑类尺规二等奖；

参赛感言：

曾经三次报名，两次参加培训，最终被选上参与国赛，很想说，坚持就是胜利。

— 04 —
李士平

专业：土木工程　学号：2010301550160

获奖经历：

● 第五届"高教杯"全国成图大赛
——建筑类团体二等奖；
● 第五届"高教杯"全国成图大赛
——建筑类尺规一等奖；

参赛感言：

能够参加这次比赛我感到非常幸运，同时，高教杯的比赛让我获益匪浅，这对我将是一段难忘的回忆。

— 05 —
于汉

专业：工程力学　学号：2011301890046

获奖经历：

● 2012年武汉大学图形技术大赛
——校级二等奖；
● 2012年乙等奖学金。

参赛感言：

认识了那一群人，经历了那些事，只想说，能遇到你们真是太好了！

— 06 —
张奥利

专业：土木工程　学号：2010301550195

获奖经历：

● 第五届"高教杯"全国成图大赛
——建筑类尺规一等奖；
● 2012年武汉大学图形技术大赛
——校级二等奖；

参赛感言：

很庆幸能有机会参加这个比赛，其实获得的那些荣誉远远比不上暑假培训的那段时光，非常感谢老师们对我的教导和队友们的互相关照，因为爱着，所以不舍。

— 07 —
陈恒

专业：土木工程　学号：2010301550079

获奖经历：

● 第五届"高教杯"全国成图大赛
——建筑类尺规一等奖；
● 2012年武汉大学图形技术大赛
——校级二等奖；

参赛感言：

关键是我在比赛中收获了友谊和知识，非常感谢这次比赛！

— 08 —
湛海群

专业：土木工程　学号：2010301550079

获奖经历：

● 第五届"高教杯"全国成图大赛
——建筑类尺规二等奖；
● 2012年武汉大学图形技术大赛
——校级二等奖。

参赛感言：

很苦，但是培训过程中跟学弟学妹们一起，玩得很开心，也学到很多东西。

2013年第六届"高教杯"全国大学生成图创新大赛——土木工程学院团队

- 01 -
于 汉
(队长)

专业：工程力学 学号：2011301890046

获奖经历：

●第六届"高教杯"全国成图大赛
——建筑类团体一等奖；
●第六届"高教杯"全国成图大赛
——建筑类全能一等奖；

参赛感言：

成长不只在年龄上、技术上，更在心理上、思想上。大一的失败给了我折戟沉沙的经历，大二当上队长后我对"团队"这个词感慨良多，衷心感谢老师们为我们的成长所创建的这个平台。

团队领队：彭正洪
指导教师：孙宇宁 詹平 刘天桢 夏唯
刘永
教学督导：密新武

团队成员：陈晓婉 洪胜男 谢志行
颜书纬 于汉 蒋金麟
陈倩滢 徐晓瑜 范子阳

获奖情况：建筑类团体奖1项 个人奖10项

建筑类团体 一等奖1项：于汉 陈晓婉
洪胜男 谢志行 颜书纬
建筑类全能 一等奖5项：蒋金麟 颜书纬
洪胜男 陈倩滢 于汉
建筑类全能 二等奖2项：徐晓瑜 范子阳
建筑类建模 一等奖1项：范子阳
建筑类建模 二等奖1项：谢志行
建筑类尺规 一等奖1项：陈晓婉

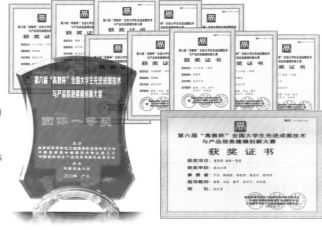

- 02 -
陈晓婉

专业：土木工程 学号：2011301550063

获奖经历：

●第六届"高教杯"全国成图大赛
——建筑类团体一等奖；
●第六届"高教杯"全国成图大赛
——建筑类尺规一等奖；

参赛感言：

在詹老师、夏老师、刘老师的悉心指导下，从初期培训到决赛，我学到了很多新的专业知识，更重要的是与大家在一起努力前进的这么一段时间，收获的是一份美好的友谊和回忆。

- 03 -
洪胜男

专业：土木工程 学号：2012301550006

获奖经历：

●第六届"高教杯"全国成图大赛
——建筑类团体一等奖；
●第六届"高教杯"全国成图大赛
——建筑类全能一等奖；

参赛感言：

比获奖更棒的是认识了你们！

- 04 -
谢志行

专业：土木工程 学号：2011301550123

获奖经历：

●第六届"高教杯"全国成图大赛
——建筑类团体一等奖；
●第六届"高教杯"全国成图大赛
——建筑类建模二等奖；

- 05 -
颜书纬

专业：土木工程 学号：2012301550116

获奖经历：

●第六届"高教杯"全国成图大赛
——建筑类团体一等奖；
●第六届"高教杯"全国成图大赛
——建筑类全能一等奖；

参赛感言：

几十天的辛苦训练，结识了一群好朋友，培训也就不那么艰苦；由于老师的细心指导，假期自然很充实学到很多；几天的广州比赛之旅，苦尽甘来，拿到好成绩的同时，拥有了一段难忘的回忆。

- 06 -
范子阳

专业：土木工程 学号：2011301550131

获奖经历：

●第六届"高教杯"全国成图大赛
——建筑类全能二等奖；
●第六届"高教杯"全国成图大赛
——建筑类建模一等奖；

参赛感言：

参加培训的这个暑假是最充实的，感谢老师们的耐心指导，这个比赛给我的不止是简单的一本获奖证书，更是永远美好的回忆！

- 07 -
蒋金麟

专业：土木工程 学号：2012301550028

获奖经历：

●第六届"高教杯"全国成图大赛
——建筑类全能一等奖；
●2013年武汉大学图形技术大赛
——校级一等奖；

参赛感言：

对于大一的我来说，这次培训、比赛经历确实让我学到了不少专业上的知识，更重要的是与大家一起为了同一个目标而努力！

- 08 -
陈倩滢

专业：工程力学 学号：2012301890032

获奖经历：

●第六届"高教杯"全国成图大赛
——建筑类全能一等奖；
●2013年武汉大学图形技术大赛
——校级一等奖。

参赛感言：

你若盛开，清风自来！

- 09 -
徐晓瑜

专业：土木工程 学号：2011301550127

获奖经历：

●第六届"高教杯"全国成图大赛
——建筑类全能二等奖；
●2013年武汉大学图形技术大赛
——校级一等奖。

参赛感言：

整天画图有些无聊，但是有小伙伴一起就不无聊了，没有暑假的轻松，但是仍有暑假的快乐。对于参赛，只有准备充分才会不留遗憾。这次比赛的小小遗憾将是我以后动力的来源。

2014年第七届"高教杯"全国大学生成图创新大赛——土木工程学院团队

- 01 -
李 晗
（队长）

专业：工程力学　学号：2013301890037

获奖经历：
● 第七届"高教杯"成图大赛
　　　　——尺规绘图二等奖；
● 第七届"高教杯"成图大赛
　　　　——建模二等奖；

参赛感言：
这个暑假我参加了成图大赛，这一个月的培训确实过得很艰辛，国赛中可能是自己技不如人，成绩不是太好，这是一个宝贵的经验。非常感谢这段经历。我很幸运在这个过程中得到许多老师的指导和同学们的陪伴，这是我大学生涯中很有意义的一段经历。

团队领队： 詹 平
指导教师： 刘 永　孙宇宁　杨建思　丁 倩
教学督导： 詹 平　彭正洪
团队成员： 李 晗　肖诗颖　梁峻海　张珂菁、
　　　　　黄博娅　王 琦　杨信美　段 琰、
　　　　　张佳琪

获奖情况： 建筑类团体奖1项　个人奖21项

建筑类团体二等奖5项：李 晗　肖诗颖　梁峻海
　　　　　　　　　　张珂菁　黄博娅
建筑类全能二等奖3项：黄博娅　梁峻海　张佳琪
建筑类尺规一等奖1项：梁峻海
建筑类尺规二等奖8项：肖诗颖　张珂菁　王 琦
　　　　　　　　　　黄博娅　杨信美　李 晗
　　　　　　　　　　段 琰　张佳琪
建筑类建模一等奖3项：黄博娅　梁峻海　张佳琪
建筑类建模二等奖6项：肖诗颖　张珂菁　王 琦
　　　　　　　　　　杨信美　李 晗　段 琰

- 02 -
肖诗颖

专业：土木工程　学号：2013301550191

获奖经历：
● 第七届"高教杯"成图大赛
　　　　——尺规绘图二等奖；
● 第七届"高教杯"成图大赛
　　　　——建模二等奖；

参赛感言：
一日的赛程四个月的回忆。虽然结果并不总是尽如人意。时间让我们学到的不只是技能，更多的是一起奋斗欢笑思索努力时的默契。当然，最该感谢的就是詹老师、路老师和夏老师了，是他们不畏酷暑地始终与我们一起，把所有知识技巧倾囊相授。

- 03 -
梁峻海

专业：土木工程　学号：2013301550197

获奖经历：
● 第七届"高教杯"成图大赛
　　　　——尺规绘图一等奖；
● 第七届"高教杯"成图大赛
　　　　——建模一等奖；

参赛感言：
这次参加成图大赛收获颇丰。在暑期集训的日子里，我锻炼了自己快速绘制建筑手工图的能力，也锻炼了自己熟练使用软件的能力。在成图大赛的学习路上，感谢认真负责的老师们的悉心教导。一分耕耘，一分收获。唯有拼搏，方有硕果！

- 04 -
张珂菁

专业：土木工程　学号：2013301550052

获奖经历：
● 第七届"高教杯"成图大赛
　　　　——尺规绘图二等奖；
● 第七届"高教杯"成图大赛
　　　　——建模二等奖；

参赛感言：
一个暑假的汗水与努力，虽然辛苦，但是我也得到和收获很多。我相信，这段时光，这个特殊夏天，我会铭记于心。大学学习以来，我参加第七届高教杯全国大学生先进成图技术大赛并获得手工制图二等奖等奖项，同时在培训的过程中获得了深厚的师生情、友情。

- 05 -
黄博娅

专业：土木工程　学号：2013301550022

获奖经历：
● 第七届"高教杯"成图大赛
　　　　——建模一等奖；
● 第七届"高教杯"成图大赛
　　　　——全能二等奖；

参赛感言：
回顾这两个月的激烈比赛，我们获得了一个又一个的进步，也学习到了很多课本上没有的知识。成图大赛丰富了我们的大学生活，让我们的大学生活丰富多彩。

- 06 -
王 琦

专业：土木工程　学号：2012301550025

获奖经历：
● 第七届"高教杯"成图大赛
　　　　——尺规绘图二等奖；
● 第七届"高教杯"成图大赛
　　　　——建模二等奖；

参赛感言：
我真的很幸运能代表武汉大学参加第七届"高教杯"全国大学生先进成图技术与产品信息建模创新大赛。这是我第一次代表学校参加全国性的比赛，我相信这只是一个开始。要感谢在假期里牺牲休息时间来辅导我的老师们，是他们的教导与鼓励才换来我的好成绩。

- 07 -
杨信美

专业：土木工程　学号：2013301550064

获奖经历：
● 第七届"高教杯"成图大赛
　　　　——尺规绘图二等奖；
● 第七届"高教杯"成图大赛
　　　　——建模二等奖；

参赛感言：
我非常荣幸能代表武汉大学来参加第七届"高教杯"先进成图技术与信息建模大赛，并在比赛中获得了手工类二等奖和建模类二等奖。同时，这一次比赛也让我真正懂得了梅花香自苦寒来，只有经过努力，成功才会降临。

- 08 -
段 琰

专业：土木工程　学号：2012301550173

获奖经历：
● 第七届"高教杯"成图大赛
　　　　——尺规绘图二等奖；
● 第七届"高教杯"成图大赛
　　　　——建模二等奖；

参赛感言：
在四个月的培训中，学到了很多知识和技能，也结识了一群并肩奋战的小伙伴。虽然我们在最终比赛的时候遇到了很多意料之外的状况，总体发挥得不是很好，但在这个过程中大家都努力了，成图大赛培养了我们的学习兴趣，兴趣是我们最好的老师，在此，感谢老师和同学们一路的帮助。

- 09 -
张佳琪

专业：土木工程　学号：2013301550211

获奖经历：
● 第七届"高教杯"成图大赛
　　　　——尺规绘图二等奖；
● 第七届"高教杯"成图大赛
　　　　——建模一等奖；

参赛感言：
回顾这两个月的激烈比赛，我们获得了一个又一个的进步，也学习到了很多课本上没有的知识。特别是在暑假的一个月里和同学们、老师们的朝夕相处当中，自己成长了很多。这段时光是一段美好的回忆和一笔宝贵的财富！

2015年第八届"高教杯"全国大学生成图创新大赛——土木工程学院团队

- 01 -
谢怡玲
（队长）

专业：土木工程　学号：2014301890042

获奖经历：
- 第八届"高教杯"成图大赛
　　　——建筑类建模二等奖；
- 第八届"高教杯"成图大赛
　　　——尺规绘图一等奖；

参赛感言：
　　参加成图比赛让我收获了很多。在历时两个多月的培训中，忙碌的生活，紧张的学习压力，都让我萌生过放弃的念头，但也都咬咬牙挺了过去。这段经历让我体会到，什么叫做过程比结果更重要，什么是付出才有收获。这将成为我人生中宝贵的记忆，鼓励我在今后的道路上勇敢向前。

团队领队：程世丹
指导教师：夏唯　陆由　杨建思　刘华
教学督导：彭正洪
团队成员：谢怡玲　李震子　孟子雄　谢维强
　　　　　邓畅　蔡康毅　宋雨聪　闫中曦
　　　　　王雪瑶　周安达
获奖情况：建筑类个人奖11项

建筑类尺规一等奖2项：谢怡玲　郭华锋
建筑类建模二等奖1项：谢怡玲
建筑类尺规二等奖8项：蔡康毅　柴抗莹　邓畅
　　　　　　　　　　　周婷婷　孟子雄　王雪瑶
　　　　　　　　　　　谢维强　闫中曦

- 02 -
李震子

专业：土木工程　学号：2014301890043

获奖经历：
- 第八届"高教杯"成图大赛
　　——全能二等奖 尺规绘图一等奖；
- 2017年全国BIM大赛
　　——绿色建筑二等奖 全能二等奖；

参赛感言：
　　我参加了两年的成图竞赛，第一年是队员，第二年是队长，成图竞赛和辅导老师詹老师伴随了我大学两年的暑假生活，点点滴滴的人和事都给我留下了深刻的记忆。
　　每年炎热的暑假我们作为一个团队去参加比赛，同学们相互鼓励、相互帮助，变成了亲密无间的好朋友。

- 03 -
孟子雄

专业：土木工程　学号：2014301890029

获奖经历：
- 第八届"高教杯"成图大赛
　　　——尺规绘图二等奖；
- 第八届"斯维尔杯"建筑BIM技能大赛
　　　——全能二等奖；

参赛感言：
　　能够代表武汉大学去参加全国大学生成图大赛，我感到非常幸运。有了很大的收获，不仅取得了多个奖项，更是结识了一群乐观向上的好朋友，认识了和蔼友善的老师。两年的成图经历将成为我大学生涯最珍贵的回忆。

- 04 -
谢维强

专业：土木工程　学号：2013301550174

获奖经历：
- 第八届"高教杯"成图大赛
　　　——尺规绘图二等奖；
- 2015—2016年武汉大学成图大赛
　　　——校级一等奖；

参赛感言：
　　成图陪伴我走过了两个学期，在这些培训到参赛的日子里，我们有喜有忧，但一分耕耘一分收获，春天播种，我们终将在秋天收获累累硕果。

- 05 -
邓畅

专业：土木工程　学号：2014301550094

获奖经历：
- 第八届"高教杯"成图大赛
　　　——尺规绘图二等奖；
- 2015—2016年武汉大学成图大赛
　　　——校级一等奖；

参赛感言：
　　虽然技不如人，只拿了个二等奖，但不能否认的是，累也好，烦也罢，终究还是有收获的，成图的这段过程，不管是培训还是比赛，都是将一段美好的回忆。

- 06 -
蔡康毅

专业：土木工程　学号：2013301550158

获奖经历：
- 第八届"高教杯"成图大赛
　　　——尺规作图二等奖；
- 2015—2016年武汉大学成图大赛
　　　——校级一等奖；

参赛感言：
　　成图大赛作为我大学生涯一次难忘的经历，不仅让我的成图技能得到提高，还让我更清晰地认识了自己的专业，让我认识到什么才是全身心的投入。

- 07 -
宋雨聪

专业：土木工程　学号：2013301550006

获奖经历：
- 2015—2016年武汉大学成图大赛
　　　——校级一等奖；
- 2015年武汉大学结构设计竞赛
　　　——优胜奖；

参赛感言：
　　现在想起成图竞赛的日子，可能是大学四年时光里最印象深刻和终身受益的日子了。毕业设计我做得比别人都快，工作了发现自己的软件功底很扎实。现在回想，感谢当时培训的老师们，感谢当时参加成图比赛的自己。

- 08 -
闫中曦

专业：土木工程　学号：2014301550208

获奖经历：
- 第八届"高教杯"成图大赛
　　　——尺规绘图二等奖；

参赛感言：
　　在成图团队中待的这段时间中，学到了很多知识，也认识了许多有趣的小伙伴，并且在培训的时间中，可以感觉到自己的读图绘图能力确实有所提升，对我所学的专业课也有很大的帮助，是一段难忘的经历。

- 09 -
王雪瑶

专业：土木工程　学号：2014301890049

获奖经历：
- 第八届"高教杯"成图大赛
　　　——尺规绘图二等奖；

参赛感言：
　　参加成图比赛真是很难忘的经历，两个多月的培训，让生活忙碌而充实；最重要的是成图比赛及培训让我学会了好多大学课堂学不到的知识与技能，云南之行还是给大家留下了深刻的印象，如果明年还有机会，我一定会倍加努力冲刺全能一等奖，相信武汉大学明年会再创辉煌。

– 10 –
柴杭莹

专业：土木工程　　学号：2014301550065

获奖经历：
- 第八届"高教杯"成图大赛
　　　　——尺规绘图二等奖；
- 2015—2016年武汉大学成图大赛
　　　　——校级一等奖；

参赛感言：
　　每一次经历都是生活给予的宝贵经验，是成长的必然。参加成图竞赛，最重要的不是结果，而是那段跟队友一起努力的日子。任何好成绩的取得都建立在充分的准备上，今天的努力是为了明天更好的发展，机会只给有准备的人。

– 11 –
郭华锋

专业：土木工程　　学号：2012301550197

获奖经历：
- 第八届"高教杯"成图大赛
　　　　——尺规绘图一等奖；

参赛感言：
　　参加本次成图竞赛，我收获了很多。（1）学会熟练使用AutoCAD、Revit软件；（2）在训练的那段时间，一心一意只做一件事，这种经历一辈子不会忘记；（3）认识了一群可爱的朋友，一起奋斗的朋友。

– 12 –
周婷婷

专业：土木工程　　学号：2014301550190

获奖经历：
- 第八届"高教杯"成图大赛
　　　　——尺规绘图二等奖；
- 2015—2016年武汉大学成图大赛
　　　　——校级二等奖；

参赛感言：
　　参加这个成图比赛，我觉得收获了很多，先是和一群小伙伴们一起参加培训，在比赛的过程中也很开心，然后是自己的动手作图能力有了很大的进步，CAD和三维建模能力也提高不少，真正感觉到这是一次非常有意义有收获的比赛体验！！！

– 13 –
周安达

专业：土木工程　　学号：2014301550202

获奖经历：
- 2015—2016年武汉大学成图大赛
　　　　——校级一等奖；
- 第八届全国大学生BIM大赛
　　　　——全能类二等奖、工程设计类二等奖；

参赛感言：
　　虽然技不如人，只拿了个二等奖，但不能否认的是，累也好，烦也罢，终究还是有收获的，成图的这段过程，不管是培训还是比赛，都是将一段美好的回忆。

赛事寻影

2016年第九届"高教杯"全国大学生成图创新大赛——土木工程学院团队

- 01 -
李 颖
（队长）

专业：土木工程　　学号：2014301550026

获奖经历：
● 第九届"高教杯"成图大赛
　　　　——建筑类团体二等奖；
● 第九届"高教杯"成图大赛
　　　　——建模一等奖；

参赛感言：
从三月末到七月末，经历了寒冬暖春停留在酷暑，从训练最早一个来教室到晚上最后一个离开，从武汉大学工学部第四教再到山东理工大学四教，1台电脑、2个软件、3位慈祥负责的老师和16个队友们从陌生到熟悉再到热爱，这是最相濡以沫的半年，也将最刻骨铭心。

团队领队：詹平
指导教师：夏唯　刘永　丁倩　詹平
教学督导：詹平　杨建思
团队成员：李颖　冯雪伟　杜鹏　何星辰　郝心童
　　　　　吴子涵　刘洋　郝小涵　杜昕
获奖情况：建筑类团体奖1项　个人奖10项

建筑类团体二等奖1项：冯雪伟　杜鹏　李颖
　　　　　　　　　　　郝心童　何星辰
建筑类全能二等奖2项：郝小涵　何星辰
建筑类尺规二等奖1项：杜昕
建筑类建模一等奖3项：郝小涵　李颖　刘洋
建筑类建模二等奖4项：杜鹏　冯学伟　郝心童　郝小涵

- 02 -
冯雪伟

专业：土木类　　学号：2015301550081

获奖经历：
● 第九届"高教杯"成图大赛
　　　　——建筑类团体二等奖；
● 第九届"高教杯"成图大赛
　　　　——建模二等奖；

参赛感言：
4个月的培训，没有做到全勤，差了一次。每次都尽量好地完成任务，提升自我。4个月的成长，4个月的忙碌，4个月的精益求精，每一天我都在进步。培训之余，和队友来一场小黄车骑行，去每天必去的兄弟餐厅，我们一起完成任务，我们一起见证友谊。这场比赛，让我体会到了大学里的青春、友谊、努力与坚持。

- 03 -
杜 鹏

专业：土木工程　　学号：2015301550085

获奖经历：
● 第九届"高教杯"成图大赛
　　　　——建筑类团体二等奖；
● 第九届"高教杯"成图大赛
　　　　——建模二等奖；

参赛感言：
一次比赛就是一次历练，一分努力就有一分收获。半个学期的辛苦准备，暑期十余天的集中培训，我收获到的，不仅是图学技能，还有与老师、新老队员之间深厚的友谊。一笔一画，用心完成每一幅图，一朝一夕，认真对待每一次训练，一心一意，全力以赴地面对比赛，一企一祈，尽最大努力，不留遗憾。

- 04 -
郝心童

专业：土木工程　　学号：2013301550189

获奖经历：
● 第九届"高教杯"成图大赛
　　　　——建筑类团体二等奖；
● 第九届"高教杯"成图大赛
　　　　——建模二等奖；

参赛感言：
从初赛到国赛，一路走来，我收获了很多，也成长了很多。感谢老师们一路陪伴、辛苦栽培；也感谢队友的帮助与鼓励；感谢主办方举办这样意义非凡的比赛。很遗憾，我没有拿到更好的奖项，不过我还是很满足，因为重要的不是结果，而是一路的奋斗与拼搏。

- 05 -
何星辰

专业：土木工程　　学号：2015301550158

获奖经历：
● 第九届"高教杯"成图大赛
　　　　——建筑类团体二等奖；
● 第九届"高教杯"成图大赛
　　　　——全能二等奖；

参赛感言：
只有经历过地狱般的折磨，才有征服天堂的力量。只有流过血的手指，才能弹出世间的绝唱。虽然培训很辛苦，坚持下来了的必有所收获。在训练期间，还收获了真挚的友谊和师生情。虽然比赛得到的奖不是最好的，我已经心满意足了。能有机会参加这次比赛很是激励，我收获颇多。有成图伴我行，甚是荣幸！

- 06 -
吴子涵

专业：土木类　　学号：2015301550050

获奖经历：
● 2016年武汉大学图形技能大赛
　　　　——一等奖；
● 第九届"高教杯"成图大赛
　　　　——建模二等奖；

参赛感言：
参加这样一场比赛始于机缘巧合，但是学到的知识、交到的朋友、认识的老师让我受益匪浅。感谢赛事组委会能给我发这个奖，让我的努力得到了回报，同时也激励了我在画图制图方面的兴趣，希望明年可以继续参加，和同学们一起奋斗，一起进步，为学校争得荣誉。

- 07 -
刘 洋

专业：土木工程　　学号：2013301550196

获奖经历：
● 2016年武汉大学图形技能大赛
　　　　——一等奖；
● 第九届"高教杯"成图大赛
　　　　——建模一等奖；

参赛感言：
成图竞赛曾经放弃过一次，但这一次坚持下来了，其中的心酸苦痛也只有自己能够体会！经历就宝贵，在今年的成图培训期间收获了很多，不仅仅是培训表面上带给我的技能增强，还有很多培训期间所收获的无法言传的东西！这也印证了一句话：坚持总会有回报，不付出肯定没有收获！

- 08 -
郝小涵

专业：土木工程　　学号：2014301550106

获奖经历：
● 第九届"高教杯"成图大赛
　　　　——全能二等奖；
● 第九届"高教杯"成图大赛
　　　　——建模一等奖；

参赛感言：
连续两年参加成图让我收获很多，让我懂得只有认真去做一件事情，才会有机会留给你，也通过这次机会，加深了和同学间的感情，掌握了基本的绘图操作。

- 09 -
杜 昕

专业：土木工程　　学号：2015301550170

获奖经历：
● 2016年武汉大学图形技能大赛
　　　　——一等奖；
● 第九届"高教杯"成图大赛
　　　　——尺规二等奖；

参赛感言：
人生路漫漫，在大学四年里选择参加这个比赛并坚持是我做的一次重要的决定。人生最清晰的脚印，往往印在最泥泞的路上。谁也不是天生就有着无坚不摧的洪荒之力，每次遇到困难了我都会告诉自己再坚持一会儿！倾尽所有，全力拼搏。从选拔到培训、从练习到比赛，老师和同学们的心都在一起，我们像战友一样并肩作战。

2017年第十届"高教杯"全国大学生成图创新大赛——土木工程学院团队

- 01 -
冯雪伟
（队长）

专业：土木工程　学号：2015301550081

获奖经历：
- 第九届"高教杯"成图大赛
  ——建筑类团体二等奖、建模二等奖；
- 第十届"高教杯"成图大赛
  ——建筑类团体一等奖、全能一等奖；

参赛感言：
通过两届高教杯，初期培训的坚持，后期一个月集中培训的历练，我们看到了备战的不足之处，期待一批新生力量继续前进。

团队领队： 詹平
指导教师： 夏唯　刘永　杨建思　詹平
教学督导： 詹平　杨建思
团队成员： 冯雪伟　曹紫艺　柴术鹏　陈明如
　　　　　　吴子涵　郭泓　韩文卿　景亚萱
　　　　　　乔江美　陈莉　王立鹤　周安达
　　　　　　朱航凯

获奖情况： 建筑类团体奖1项　个人奖20项

建筑类团体一等奖1项：冯雪伟　曹紫艺　柴术鹏
　　　　　　　　　　陈明如　吴子涵
建筑类全能一等奖3项：冯雪伟　曹紫艺　吴子涵
建筑类全能二等奖6项：柴术鹏　陈明如　郭泓　景亚萱
　　　　　　　　　　乔江美　周安达
建筑类尺规一等奖2项：柴术鹏　陈明如
建筑类尺规二等奖4项：陈莉　韩文卿　王立鹤　朱航凯
建筑类建模一等奖1项：周安达
建筑类建模二等奖1项：陈莉　韩文卿　王立鹤　朱航凯

- 02 -
曹紫艺

专业：工程力学　学号：2016301890047

获奖经历：
- 第十届"高教杯"成图大赛
  ——建筑类团体一等奖；
- 第十届"高教杯"成图大赛
  ——建筑类全能一等奖；

参赛感言：
在一个学期的培训中我不仅学会了建模软件和手工制图的技巧，还在培训和练习中结识了很多好朋友，收获了珍贵的友谊。
在培训中也认识到了效率的重要性。老师的谆谆教诲和同学们给我的帮助让我备感温暖，大家一起讨论共同学习让我感受到了团队的力量。

- 03 -
吴子涵

专业：土木工程　学号：2015301550050

获奖经历：
- 第九届"高教杯"成图大赛
  ——建筑类团体二等奖、建模二等奖；
- 第十届"高教杯"成图大赛
  ——建筑类团体一等奖、全能一等奖；

参赛感言：
在训练的一个月里收获了很多，认识了很多学姐学妹、学长学弟，大家一起努力，跟着老师学习到了专业的制图知识，拥有了一技之长，给自己的未来开拓了新的道路。对自己的专业有些拓展性的认识。在赛场上见识到别的学校参赛队员的优点，也意识到自己的不足之处。

- 04 -
陈明如

专业：给排水　学号：2016301550048

获奖经历：
- 第十届"高教杯"成图大赛
  ——建筑类团体一等奖、全能二等奖；
- 第十届"高教杯"成图大赛
  ——尺规绘图一等奖；

参赛感言：
经过半个多学期的培训，我结识了一群志同道合的师友，在老师的谆谆教导下，大家一起学习，一起探讨，一起进步。通过参加这次比赛，明白了学无止境，进步不止的道理。同时暑假赛前半个月的集训更让我获益匪浅，教会了我坚持。指导老师和带队老师的细微体贴更是令我印象深刻。

- 05 -
柴术鹏

专业：土木工程　学号：2014301550212

获奖经历：
- 第十届"高教杯"成图大赛
  ——建筑类团体一等奖、全能二等奖；
- 第十届"高教杯"成图大赛
  ——尺规绘图一等奖；

参赛感言：
受益匪浅：巩固了CAD制图基本能力，加强了手工绘图的技巧，了解了一些制图中的细节，同时还学习了天正建筑和Revit Architecture的基本操作，可以绘制和设计相应的模型。
认识了很多制图大神，学到了很多制图的小技巧。深刻感受到对于这种限时比赛，技巧很重要。

- 06 -
郭泓

专业：工程力学　学号：2016301890004

获奖经历：
- 第十届"高教杯"成图大赛
  ——建筑类全能二等奖；
- 武汉大学第一届3D打印大赛 一等奖；
- 武汉大学"回访母校"寒假实践 一等奖；

参赛感言：
此次兰州之行为我的大一生活画下了一个句号。很早就希望参加成图大赛，在初赛校赛期间我也努力准备着。还好成绩差强人意，也让我相信事在人为这样一个道理。我十分感谢培训期间老师们的辛勤付出，感谢同学们的互相鼓励。

- 07 -
韩文卿

专业：土木工程　学号：2015301550068

获奖经历：
- 第十届"高教杯"成图大赛
  ——尺规绘图二等奖；
- 第十届"高教杯"成图大赛
  ——建筑类建模二等奖；

参赛感言：
20多天的成图培训和比赛，让我结识了一群可爱的队友。我们一起在四处疯狂建模，分享各种作图技巧，讨论如何让模型更加美观，经过这次比赛，我们已然成为很好的朋友。通过这次比赛，我克服了自己面对大赛的紧张心理，心态得到了锻炼，也学到了除竞赛软件之外的技能。

- 08 -
景亚萱

专业：土木工程　学号：2014301550219

获奖经历：
- 第十届"高教杯"成图大赛
  ——建筑类全能二等奖；
- 2016年武汉大学"优秀共青团干"；
- 2016年湖北省"三下乡"先进个人；

参赛感言：
每一次经历都是生活给予的宝贵经验，是成长的必然。内心有太多的感触，有"山重水复疑无路"的迷茫，有"柳暗花明又一村"的意外与惊喜，有赛前的紧张忙碌，有赛后的反思与释然。感谢辛苦的老师，贴心的学长学姐和可爱的队友们。
山水一程，三生有幸。

- 09 -
乔江美

专业：土木工程　学号：2014301550114

获奖经历：
- 第十届"高教杯"成图大赛
  ——建筑类全能二等奖；
- 2014—2015年度优秀学生丙等奖学金；
- 2015—2016年度优秀学生乙等奖学金；

参赛感言：
集训的一个月中，认识了一群有理想、有追求的小伙伴，还有体贴细致、循循善诱的师长。大家在炎热的七月里一起努力、一起进步，通过这次比赛，我掌握了AutoCAD、Revit、天正的基本用法，学到了很多有用的专业知识，并且在培训过程中改掉了自己粗心大意等不好的习惯。

- 10 -
陈 莉

专业：给排水　学号：2015301550167

获奖经历：
● 2015—2016 年武汉大学成图大赛
　　　　　——二等奖；
● 2016—2017 年武汉大学结构设计大赛
　　　　　——三等奖；

参赛感言：
　　在前期的准备时间里，大家总是一起探讨遇到的难题，找到最佳方案后一起分享成果；老师们毫无保留地把他们所知道的传授给我们，希望我们更上一层楼；有参赛经验的学长学姐们自愿牺牲假期时间前来指导我们的培训。

- 11 -
王立鹤

专业：工程力学　学号：2016301890045

获奖经历：
● 第十届"高教杯"成图大赛
　　　　　——尺规绘图二等奖；
● 第十届"高教杯"成图大赛
　　　　　——建筑类建模二等奖；

参赛感言：
　　这次高教杯成图大赛，不仅使我学会了先进高超的成图技巧和软件应用，更让我懂得了团队合作的重要性，大家一起探讨，一起学习，这样的进步才最快。如果有机会，我希望明年还能参加成图竞赛，和老师同学们一起再创辉煌。

- 12 -
朱航凯

专业：土木工程　学号：2014301550204

获奖经历：
● 第十届"高教杯"成图大赛
　　　　　——建筑类建模二等奖；
● 第十届"高教杯"成图大赛
　　　　　——尺规绘图一等奖；

参赛感言：
　　近半个月的努力，给自己预先的期望是能够学到点东西，最终也很庆幸自己能够坚持下来。每天早上八点上课，下午两点半开始绘图。其实，更多的是在这样一个不断训练不断打磨的过程中结交到了一群可静可动的朋友，一起建模一起绘图一起成长！

- 13 -
周安达

专业：岩土工程　学号：2014301550212

获奖经历：
● 第十届"高教杯"成图大赛
　　　　　——建筑类全能二等奖；
● 第十届"高教杯"成图大赛
　　　　　——建筑类建模一等奖；

参赛感言：
　　在最后备战的一个多月里，我结识了一群志同道合的师友，大家一起学习建模知识，一起探讨疑难问题，一起进步。此次竞赛之行，我不仅收获了知识，收获了荣誉，更收获了友谊，收获了自信。

赛事寻影

2018年第十一届"高教杯"全国大学生成图创新大赛——土木工程学院团队

- 01 -
王立鹤
（队长）

专业：工程力学　　学号：2016301890045

获奖经历：
- 第十一届"高教杯"成图大赛
　　——建筑类团体二等奖；
- 第十一届"高教杯"成图大赛
　　——建筑类尺规三等奖、建模三等奖；

参赛感言：
　　今年是我第二次参加成图大赛了，也光荣地成为土建成图团体赛的队长，在新的一年里，我收获了更多的知识，也承担了更多的责任。能和大家每天在一起训练学习，一起提高可以说是人生中最开心的事情。希望武成成图能够再接再厉，在新的十年里再续辉煌！

团队领队：詹平
指导教师：詹平　夏唯　梅粮飞　刘永
教学督导：詹平
团队成员：王立鹤　黄鹏飞　黄东明　朱晨东
　　　　　吴佳贤　周前锟　孙心怡　李昌正
　　　　　王叶凌怡
获奖情况：建筑类团体奖1项　个人奖11项

建筑类团体二等奖1项： 王立鹤　黄鹏飞　黄东明
　　　　　　　　　　　　朱晨东　王叶凌怡
建筑类尺规一等奖1项： 朱晨东
建筑类尺规二等奖3项： 王叶凌怡　孙心怡　黄东明
建筑类尺规三等奖4项： 吴佳贤　王立鹤　李昌正　黄鹏飞
建筑类建模三等奖3项： 吴佳贤　王立鹤　王叶凌怡

- 02 -
黄鹏飞

专业：土木工程　　学号：2015301550201

获奖经历：
- 第十一届"高教杯"成图大赛
　　——建筑类团体二等奖；
- 第十一届"高教杯"成图大赛
　　——建筑类尺规三等奖；

参赛感言：
　　我一贯认为，参加竞赛的目的不在于最后的获奖，而在于在参加竞赛中我们的收获。在这次竞赛的培训中，我真的收获了很多。
　　在课程中，我们学习的还是传统的二维施工图的知识，但是随着建筑行业的进步，BIM技术应用越来越广泛，在培训中学习的Revit软件就是BIM中的基础软件。

- 03 -
黄东明

专业：土木工程　　学号：2015301550069

获奖经历：
- 第十一届"高教杯"成图大赛
　　——建筑类团体二等奖；
- 第十一届"高教杯"成图大赛
　　——建筑类尺规二等奖；

参赛感言：
　　很荣幸能代表学院参加此次成图竞赛，虽然最终没能获得一个理想的成绩，但是培训过程中让我收获满满。感谢几位老师的辛勤指导，让我们读图、绘图的能力大大提升，我想这些一定会给我以后的工作带来极大的便利。感谢老师们的关心以及小伙伴们的陪伴，有了你们，才有这一切美好的回忆。

- 04 -
朱晨东

专业：土木类　　学号：2017301550137

获奖经历：
- 第十一届"高教杯"成图大赛
　　——建筑类团体二等奖；
- 第十一届"高教杯"成图大赛
　　——建筑类尺规一等奖；

参赛感言：
　　此次参加成图大赛，我付出了不少，但收获的更多。我收获的不仅仅是奖项和荣誉，还掌握了知识与技能，更认识了众多优秀的老师与同学。最重要的是，一个学期的培训，让我重拾了自信。成图大赛的宝贵经历告诉我，在学习生活中，要保持自信，勇于尝试，才能不断突破自我。

- 05 -
王叶凌怡

专业：工程力学　　学号：2017301890010

获奖经历：
- 第十一届"高教杯"成图大赛
　　——建筑类团体二等奖；
- 第十一届"高教杯"成图大赛
　　——建筑类尺规二等奖；

参赛感言：
　　今年我有幸作为团体选手代表武汉大学建筑类参赛。对此我备感荣幸。
　　首先感谢各位老师对我们的关心和指导。是他们的耐心教导，才让我们能在20天的集训中飞速成长。接着感谢一同参赛的同学们，是大家的互帮互助，才让我们一起共同进步。

- 06 -
吴佳贤

专业：土木工程　　学号：2017301550028

获奖经历：
- 第十一届"高教杯"成图大赛
　　——建筑类尺规三等奖；
- 第十一届"高教杯"成图大赛
　　——建筑类建模三等奖；

参赛感言：
　　通过参加本次成图大赛的培训，我学会了建筑工程施工图的识读、表达和绘制以及建筑类国家制图标准的相关规定，正确使用建筑设计软件AutoCAD和Revit，准确理解房屋的外部造型和内部构造，按照竞赛题目的要求补绘施工图及进行计算机三维模型建设。也相信这些知识对我今后的专业学习大有裨益。

- 07 -
周前锟

专业：工程力学　　学号：2017301890052

获奖经历：
- 2018年武汉大学成图大赛一等奖；

参赛感言：
　　这次参加全国大学生先进成图技术与产品信息建模创新大赛让我收获了很多，同伴们的共同努力、互帮互助让我学习得更加愉快，它让我明白所有的成就都是自己的努力换来的，明白面对任何一件自己要做的事都应该全力以赴。我会好好反思，总结自己的不足，再创辉煌！

- 08 -
孙心怡

专业：土木工程　　学号：2017301550002

获奖经历：
- 第十一届"高教杯"成图大赛
　　——建筑类尺规二等奖；
- 2018年武汉大学成图大赛一等奖；

参赛感言：
　　第一次参加成图竞赛，没有太多的经验，只能珍惜所有的授课和练习的时间，20多天的训练让人多少有些艰苦，每每画图直到夜色朦胧，拖着疲惫的身体走回宿舍便无比想家，可当太阳升起的第二日，又觉得参加这个比赛真的挺有意思，坚持下去定能有所收获。

- 09 -
李昌正

专业：卓越班　　学号：2015301550209

获奖经历：
- 第十一届"高教杯"成图大赛
　　——建筑类尺规三等奖；
- 2018年武汉大学成图大赛一等奖；

参赛感言：
　　在比赛培训的一个多月时间里，通过考试上课的教学和课下的练习，以及同学之间的交流，我对于CAD、Revit和天正建筑等软件的运用更加熟练。在学习的过程中，遇到不懂的问题，通过请教同学老师来解决，这个过程加深了同学、老师之间的友谊，也体会到了互帮互助的同学情。学到了很多，也结识了一帮好朋友！

2019年第十二届"高教杯"全国大学生成图创新大赛——土木工程学院团队

- 01 -
王叶凌怡
（队长）

专业：工程力学　　学号：2017301890010
获奖经历：
● 第十二届"高教杯"成图大赛
　　——建筑类团体二等奖；
● 第十二届"高教杯"成图大赛
　　——建筑类尺规二等奖、建模二等奖；
参赛感言：
　　很荣幸作为队长带领团队参加本次比赛，相比一般队员，作为队长承担着更大的压力也得到了更多的历练。感谢各位老师对我们的关心和指导，接着感谢一同参赛的同学们。在紧张的比赛过程中，我学会了调节自己的心态，虽然比赛结果不甚完美，但我已经全力以赴，不曾后悔。

团队领队： 詹 平
指导教师： 刘 永　夏 唯　詹 平　邓丽霞
教学督导： 詹 平
团队成员： 王叶凌怡　吴佳贤　孙心怡
　　　　　　　吴 优　胡锦浠　方 卉
　　　　　　　贺泽澳　袁志文　邓 迁

获奖情况： 建筑类团体奖1项　个人奖17项

建筑类团体二等奖1项：王叶凌怡　孙心怡　吴佳贤
　　　　　　　　　　　吴 优　胡锦浠
建筑类尺规一等奖3项：方 卉　贺泽澳　吴 优
建筑类尺规二等奖4项：邓 迁　袁志文　王叶凌怡　孙心怡
建筑类尺规三等奖1项：吴佳贤
建筑类建模一等奖4项：贺泽澳　邓 迁　方 卉　袁志文
建筑类建模二等奖3项：胡锦浠　吴佳贤　王叶凌怡
建筑类建模三等奖2项：孙心怡　吴 优

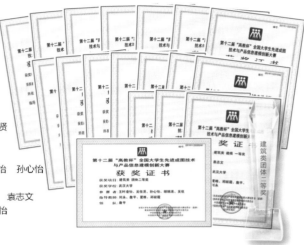

- 02 -
吴佳贤
（班长）

- 03 -
孙心怡

- 04 -
吴 优

- 05 -
胡锦浠

专业：土木工程　　学号：2017301550028
获奖经历：
● 第十二届"高教杯"成图大赛
　　——建筑类团体二等奖；
● 第十二届"高教杯"成图大赛
　　——建筑类尺规三等奖、建模二等奖；
参赛感言：
　　这是我第二次参加成图比赛，在培训的过程中与大家一起讨论知识、分享技巧、交流经验，大家一起练习到很晚然后拍一个快乐的大合照。虽然最后的结果比较遗憾，我没有拿到更好的奖项，有点辜负老师们和自己的期待，但这也是一场非常宝贵的经历，和同学们一起奋斗、一起进步，为学校争得荣誉。

专业：土木工程　　学号：2017301550002
获奖经历：
● 第十二届"高教杯"成图大赛
　　——建筑类团体二等奖；
● 第十二届"高教杯"成图大赛
　　——建筑类尺规二等奖、建模三等奖；
参赛感言：
　　连续两年参加成图比赛，收获颇丰，从一开始什么也不会的大一新生，到第二年能指导新一批参赛的同学。我们对成图热爱也从最开始的绘图兴趣上升为对学校、对团队的浓浓责任感。成图让我们明白：宝剑锋从磨砺出，梅花香自苦寒来。大学生活有成图的陪伴，非常感激。

专业：土木工程　　学号：2017301550018
获奖经历：
● 第十二届"高教杯"成图大赛
　　——建筑类团体二等奖；
● 第十二届"高教杯"成图大赛
　　——建筑类尺规一等奖、建模三等奖；
参赛感言：
　　回想这一路走来，几个月时间的培训，有汗水，有付出，也有收获。非常感谢几位老师的陪伴，他们教会我很多东西，这将是我一生的"财富"。同样也感谢老师们周到的安排，为我们安心比赛创造了条件，也感谢能够与一群小伙伴一起体会竞赛的乐趣。

专业：土木工程　　学号：2016301550037
获奖经历：
● 第十二届"高教杯"成图大赛
　　——建筑类团体二等奖；
● 第十二届"高教杯"成图大赛
　　——建筑类建模二等奖；
参赛感言：
　　从初春到盛夏，四个月的磨砺，感谢老师的教导、队友的鼓励。刚进入培训的我基础薄弱。为能获得理想的成绩，我付出了十分的努力：珍惜培训机会、专心听讲，舍弃玩耍的时间在课下苦练。通过近一个月的刻苦钻研，我们奔赴浙江宁波展开最后一战，虽然比赛结果不是最好的，但收获的情谊和知识我将铭记一生。

- 06 -
方 卉

- 07 -
贺泽澳

- 08 -
袁志文

- 09 -
邓 迁

专业：工程力学　　学号：2017301890024
获奖经历：
● 第十二届"高教杯"成图大赛
　　——建筑类尺规一等奖、建模一等奖；
● 武汉大学成图大赛
　　——建筑类一等奖；
参赛感言：
　　参加成图比赛是我在大学最难忘的几件事情之一。在培训时，老师教了我们很多新的知识，每天感觉都有新的收获。我听了他的话，成功进了国赛。国赛的培训时，我按照大家的经验把每一次失误都总结下来，在正式比赛时，这些坑果然都出现了。越努力真的越幸运。

专业：土木工程　　学号：2017301550051
获奖经历：
● 第十二届"高教杯"成图大赛
　　——建筑类尺规一等奖、建模一等奖；
● 武汉大学成图大赛
　　——建筑类一等奖；
参赛感言：
　　在这段令人难忘的记忆里，通过每天的集训和练习，我对BIM这项技术和成图有了更加深刻的了解和应用。大家不懈的努力也在最后的决赛中绽放出了美丽的花朵。这次竞赛不仅仅是一次集训，与老师和队友一起奋斗的时光才是最珍贵的。

专业：土木工程　　学号：2017301550170
获奖经历：
● 第十二届"高教杯"成图大赛
　　——建筑类尺规二等奖、建模一等奖；
● 武汉大学成图大赛
　　——建筑类一等奖；
参赛感言：
　　一分耕耘，一分收获，一个月的辛勤努力，让我获得了能力和荣誉。回想起培训的过程，我们每天早出晚归，因为有收获而不知疲惫。在这个过程中，我要感谢辛勤教导的老师，陪伴着我的同学，以及没有在中途放弃的自己。

专业：土木工程　　学号：2017301550168
获奖经历：
● 第十二届"高教杯"成图大赛
　　——建筑类尺规二等奖、建模一等奖；
● 武汉大学成图大赛
　　——建筑类一等奖；
参赛感言：
　　这是我第二次参加成图大赛，上一次我中途放弃了，这一次我坚定了决心。参与成图大赛让我在备赛的同时收获了友谊、认识了认真、负责、亲切的老师、学习到了很多专业知识，能够参加这次大赛并且获得这样的成果，我没有遗憾。

2020年第十三届"高教杯"全国大学生成图创新大赛——土木工程学院团队

– 01 –
王思刘

专业：土木工程　　学号：2018302100115

获奖经历：
- 第十三届"高教杯"成图大赛
　　　——建筑类团体三等奖；
- 第十三届"高教杯"全国成图大赛
　　　——建筑类建模二等奖；
- 第十三届"高教杯"全国成图大赛
　　　——基础知识竞赛二等奖；
- 2020年武汉大学成图设计创新大赛
　　　——校级一等奖；

参赛感言：
　　今年是不寻常的一年，在长达十个月的训练中，我们学会了Revit、天正软件，提高了看图作图的能力，对尺规绘图也有了一定程度的掌握。一起度过了最难的时光。虽然还有很多遗憾，但大学里的这样一段有苦有甜的经历真的很值得收藏。

团队领队：詹　平
指导教师：丁　倩　夏　唯　詹　平　邓莉霞
教学督导：詹　平
团队成员：王思刘　吴　扬　李　涵　高心成
　　　　　张瑞怡　黄　欣　张冬琪　杨　露
　　　　　刘泽远　杨本乐　龙礼滢　许耀龙
获奖情况：建筑类团体奖1项、个人奖12项、
　　　　　优秀教师奖4项

建筑类团体 三等奖1项：王思刘　吴　扬　李　涵
　　　　　　　　　　　高心成　张瑞怡
建筑类建模 二等奖5项：王思刘　黄　欣　杨　露
　　　　　　　　　　　龙礼滢　许耀龙
建筑类建模 三等奖3项：刘泽远　张瑞怡　杨本乐
建筑类尺规 二等奖3项：吴　扬　李　涵　高心成
建筑类尺规 三等奖1项：张冬琪
优秀指导教师水利类 三等奖4项：丁　倩　夏　唯　詹　平
　　　　　　　　　　　　　　　邓莉霞

– 02 –
高心成

专业：土木工程　　学号：2018302100227

获奖经历：
- 第十三届"高教杯"全国成图大赛
　　　——建筑类尺规二等奖；
- 第十三届"高教杯"全国成图大赛
　　　——基础知识竞赛三等奖；
- 第十三届"高教杯"全国成图大赛
　　　——建筑类团体三等奖；
- 2020年武汉大学成图设计创新大赛
　　　——校级一等奖；

参赛感言：
　　参加成图大赛是一个辛苦却又甜蜜的过程，今年的大赛更是如此，从疫情在家训练又到返校集训，我们的战线拉得很长，但我们的意志却愈发坚定。很高兴可以和成图大赛的队友们度过这难忘的半年时光，我会永远珍惜这段难忘的回忆。

– 03 –
李涵

专业：土木工程　　学号：2018302100184

获奖经历：
- 第十三届"高教杯"全国成图大赛
　　　——建筑类尺规二等奖；
- 第十三届"高教杯"全国成图大赛
　　　——基础知识竞赛三等奖；
- 第十三届"高教杯"全国成图大赛
　　　——建筑类团体三等奖；
- 2020年武汉大学成图设计创新大赛
　　　——校级一等奖；

参赛感言：
　　非常有幸能参加高教杯比赛，由于疫情的影响，高教杯比赛准备了很长时间，也付出了很多努力与汗水，虽然结果没有达到预期，但依然觉得耕耘之后有所收获——在制图和建模方面的能力有所提高。

– 04 –
吴扬

专业：土木工程　　学号：2019302100062

获奖经历：
- 第十三届"高教杯"全国成图大赛
　　　——建筑类尺规二等奖；
- 第十三届"高教杯"全国成图大赛
　　　——基础知识竞赛一等奖；
- 第十三届"高教杯"全国成图大赛
　　　——建筑类团体三等奖；
- 2020年武汉大学成图设计创新大赛
　　　——校级一等奖；

参赛感言：
　　成图比赛可以说是我在大学里参加的第一个正式的大型比赛，是一次很特别的经历。训练的时间很漫长，而且经常被遇到的挫折消磨信心，但值得的是我最终还是坚持下来并且给这段赛程画上了圆满的句号。

– 05 –
张瑞怡

专业：土木工程　　学号：2019302100010

获奖经历：
- 第十三届"高教杯"全国成图大赛
　　　——建筑类建模三等奖；
- 第十三届"高教杯"全国成图大赛
　　　——建筑类团体三等奖；
- 2020年武汉大学成图设计创新大赛
　　　——校级一等奖；

参赛感言：
　　这是我第一次参加成图大赛。虽然因为疫情本次比赛的准备工作战线拉得很长，但是在老师和队员们的陪伴下我也顺利挺了下来。

2020年第十三届"高教杯"全国大学生成图创新大赛——土木工程学院团队

- 01 -
黄欣

专业：土木工程　学号：2018302100015

获奖经历：
● 第十三届"高教杯"全国成图大赛
　　　　——建筑类建模二等奖；
● 第十三届"高教杯"全国成图大赛
　　　　——基础知识竞赛一等奖；
● 2020年 武汉大学成图设计创新大赛
　　　　——校级一等奖；

参赛感言：
　　在这个比赛过程中，我学会了天正CAD，和天正Revit两款软件的建模和文件导入导出。这些软件的学习有助于提高我今后的工作效果和效率，在软件运用上快人一步。

团队领队：詹 平
指导教师：丁 倩 夏 唯 詹 平 邓莉霞
教学督导：詹 平
团队成员：王思刘 吴 扬 李 涵 高心成
　　　　　张瑞怡 黄 欣 张冬琪 杨 露
　　　　　刘泽远 杨本乐 龙礼滢 许耀龙
获奖情况：建筑类团体奖1项、个人奖12项、
　　　　　优秀教师奖4项

建筑类团体 三等奖 1项：王思刘 吴 扬 李 涵
　　　　　　　　　　 高心成 张瑞怡
建筑类建模 二等奖 5项：王思刘 黄 欣 杨 露
　　　　　　　　　　 龙礼滢 许耀龙
建筑类建模 三等奖 3项：刘泽远 张瑞怡 杨本乐
建筑类尺规 二等奖 3项：吴 扬 李 涵 高心成
建筑类尺规 三等奖 1项：张冬琪
优秀指导教师水利类 三等奖 4项：丁 倩 夏 唯 詹 平
　　　　　　　　　　　　　　　 邓莉霞

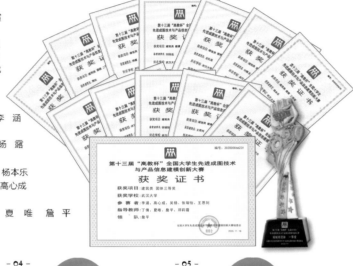

- 02 -
杨露

专业：土木工程　学号：2019302100057

获奖经历：
● 第十三届"高教杯"全国成图大赛
　　　　——建筑类建模二等奖；
● 第十三届"高教杯"全国成图大赛
　　　　——基础知识竞赛一等奖；
● 2020年 武汉大学成图设计创新大赛
　　　　——校级一等奖；

参赛感言：
　　大一学年我偶然结识了成图大赛，疫情期间在家训练，训练过程中总是伴随着汗水和辛酸，但其中也不乏小确幸与喜悦，本次培训让我受益良多，不仅提高了自己的专业知识，还明白了坚持总会有收获。

- 03 -
张冬琪

专业：土木工程　学号：2018302100116

获奖经历：
● 第十三届"高教杯"全国成图大赛
　　　　——土木类尺规三等奖；
● 第十三届"高教杯"全国成图大赛
　　　　——基础知识竞赛二等奖；
2020年 武汉大学成图设计创新大赛
　　　　——校级一等奖；

参赛感言：
　　这次比赛让我受益匪浅，不仅加深巩固了对工图的学习和理解，而且大大提高了我制图与建模的能力，磨炼了自己的意志，为日后工作实践积累了大量经验。

- 04 -
刘泽远

专业：土木工程　学号：2019302100028

获奖经历：
● 第十三届"高教杯"全国成图大赛
　　　　——建筑类建模三等奖；
● 第十三届"高教杯"全国成图大赛
　　　　——基础知识竞赛一等奖；
● 2020年 武汉大学成图设计创新大赛
　　　　——校级一等奖；

参赛感言：
　　在2020这个特殊的年份，受疫情影响我们第一次以线上比赛的形式参赛。比赛时间的推迟，让前期的线上线下培训的战线都被拉得很长，但是我们的老师和同学都表现出了极强的责任感，一直坚持训练到最后一刻。

- 05 -
许耀龙

专业：土木工程　学号：2018302100064

获奖经历：
● 第十三届"高教杯"全国成图大赛
　　　　——建筑类建模二等奖；
● 2020年 武汉大学成图设计创新大赛
　　　　——校级一等奖；

参赛感言：
　　大赛的培训使我更加深刻地了解并运用工程制图的知识，使我的读图、绘图能力有了一定的提高，学会应该怎样去画图、如何准确地画图，同时，我也学会了如何使用Revit建模软件快速地构建建筑物的模型，为我以后的学习打下了坚实的基础。

- 06 -
龙礼滢

专业：给排水　学号：2018302100117

获奖经历：
● 第十三届"高教杯"全国成图大赛
　　　　——建筑类建模二等奖；
● 第十三届"高教杯"全国成图大赛
　　　　——基础知识竞赛三等奖；
● 2020年 武汉大学成图设计创新大赛
　　　　——校级一等奖；

参赛感言：
　　特殊的疫情使比赛一延再延，使我们的培训比往年多了几个月。其实在这场与建模、制图的"持久战"中，我不知道产生了多少次想要放弃的念头，所幸最后还是咬咬牙坚持了下来。这也将会是我大学生活中一次难忘的经历。

- 07 -
杨本乐

专业：给排水　学号：2019302100130

获奖经历：
● 第十三届"高教杯"全国成图大赛
　　　　——建筑类建模三等奖；
● 2020年 武汉大学成图设计创新大赛
　　　　——校级一等奖；

参赛感言：
　　参加成图大赛，使我感到十分的充实与满足，在培训的过程中，我认识了许多同学，知道了很多绘图技巧，这为我的大学生活增添了许多乐趣。所幸付出终有回报，虽然结果没有预想中的那么好，但是这次参加竞赛的经历让我收获了许多。

2009年第二届"高教杯"全国大学生成图创新大赛——水利水电学院团队

- 01 -
刘移胜
（队长）

专业：水利水电　学号：200731580048

获奖经历：
- 第二届"高教杯"成图大赛
　——水利类团体二等奖；
- 第二届"高教杯"成图大赛
　——水利类尺规一等奖；

参赛感言：
这一届比赛获益匪浅，成长颇多。

团队领队： 詹 平

指导教师： 靳 萍　张 竞　刘 永

教学督导： 胡建国

团队成员： 刘移胜　高 鑫　王 伟
　　　　　　张 续　朱 飞

获奖情况： 水利类团体奖1项　个人奖4项

水利类团体 二等奖 1项：刘移胜　高 鑫
　　　　　　　　　　王 伟　张 续　朱 飞

水利类建模 二等奖 1项：朱 飞

水利类绘图 一等奖 1项：王 伟

水利类绘图 二等奖 1项：高 鑫

水利类尺规 一等奖 1项：刘移胜

荣誉证书

武汉大学 代表队

在第二届"高教杯"全国大学生先进图形技能与创新大赛中，成绩优异，荣获水利类团体二等奖。
特发此证，以资鼓励。

领队：詹平　指导教师：靳萍、张竞、刘永
学生：刘移胜、高鑫、王伟、张续、朱飞

教育部高等学校工程图学教学指导委员会
中国工程图学学会制图技术专业委员会
2009年9月

- 02 -
高 鑫

专业：水利水电　学号：200731580050

获奖经历：
- 第二届"高教杯"成图大赛
　——水利类团体二等奖；
- 第二届"高教杯"成图大赛
　——水利类绘图二等奖；

参赛感言：
我是高鑫。荣获周培源力学竞赛三等奖、华中数模竞赛一等奖、国家奖学金。2011年被美国迈阿密大学录取。

- 03 -
王 伟

专业：水利水电　学号：200731580039

获奖经历：
- 第二届"高教杯"成图大赛
　——水利类团体二等奖；
- 第二届"高教杯"成图大赛
　——水利类绘图一等奖；

参赛感言：
我是王伟，曾荣获武汉大学丙等奖学金，保送武汉大学研究生。

- 04 -
张 续

专业：水利水电　学号：200731580130

获奖经历：
- 第二届"高教杯"成图大赛
　——水利类团体二等奖；
- 国家励志奖学金，武汉大学乙等奖学金；

参赛感言：
本科毕业后保送武汉大学研究生，曾荣获武汉大学"湘鄂情杯"研究生创业计划大赛第一名。

- 05 -
朱 飞

专业：水利水电　学号：200731580087

获奖经历：
- 第二届"高教杯"成图大赛
　——水利类团体二等奖；
- 第二届"高教杯"成图大赛
　——水利类建模二等奖；

参赛感言：
曾荣获国家奖学金荣誉、基康奖学金甲、潘家铮水电奖学金；第七届全国大学生周培源力学竞赛全国三等奖；2009年全国大学生数学建模竞赛全国一等奖；2010年美国大学生数学建模竞赛二等奖；2010年中南地区结构力学竞赛二等奖。

2010年第三届"高教杯"全国大学生成图创新大赛——水利水电学院团队

- 01 -
程雪辰
（队长）

专业：水利水电　学号：2009301580300

获奖经历：
● 第三届"高教杯"成图大赛
　　　　——水利类建模二等奖；
● 2010年武汉大学图形技术大赛
　　　　——校级一等奖；

参赛感言：

团队领队：梅亚东　詹　平

指导教师：靳　萍　夏　唯　詹　平

教学督导：胡建国

团队成员：程雪辰　陈　鹏　陈英健
　　　　　胡鹏辉　黎俭平　王　伟
　　　　　肖　特

获奖情况：个人奖5项

● 水利类全能 二等奖 1项：王　伟

● 水利类建模 一等奖 1项：王　伟

● 水利类建模 二等奖 3项：程雪辰
　陈英健、黎俭平

- 02 -
王　伟

专业：水利水电　学号：2007301580039

获奖经历：
● 第三届"高教杯"成图大赛
　　　——水利类全能二等奖；
● 第三届"高教杯"成图大赛
　　　——水利类建模一等奖；

参赛感言：

- 03 -
胡鹏辉

专业：水利水电　学号：2008301580223

获奖经历：
● 2010年武汉大学图形技术大赛
　　　——校级一等奖；

参赛感言：

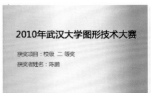

- 04 -
陈　鹏

专业：水利水电　学号：2009301580103

获奖经历：
● 2010年武汉大学图形技术大赛
　　　——校级二等奖；

参赛感言：

- 05 -
陈英健

专业：水利水电　学号：2008301580216

获奖经历：
● 第三届"高教杯"成图大赛
　　　——水利类建模二等奖；
● 2010年武汉大学图形技术大赛
　　　——校级一等奖；

参赛感言：

- 02 -
黎俭平

专业：水利水电　学号：2008301580331

获奖经历：
● 第三届"高教杯"成图大赛
　　　——水利类建模二等奖；
● 2010年武汉大学图形技术大赛
　　　——校级二等奖；

参赛感言：

- 05 -
肖　特

专业：水利水电　学号：2009301580319

获奖经历：
● 2010年武汉大学图形技术大赛
　　　——校级一等奖；

参赛感言：

2011年第四届"高教杯"全国大学生成图创新大赛——水利水电学院团队

-01-
程雪辰
（队长）

专业：水利水电工程　学号：2009301580300

获奖经历：
- 第四届"高教杯"成图大赛
——水利类团体二等奖;
- 第四届"高教杯"成图大赛
——水利类全能二等奖;
- 第四届"高教杯"成图大赛
——水利类尺规一等奖;

参赛感言：
这是我第二次踏上制图竞赛的征程了，吸取第一次参赛的经验教训，我在这次制图培训的过程中切实体会到了很多，明白了什么才能算是真正的培训到位。

团队领队：梅亚东　詹平
指导教师：靳萍　詹平　穆勤远　尚涛
教学督导：尚涛
团队成员：蔡航　程雪辰　胡榴烟　齐小静　王玉丽
　　　　　向阳　张靖文
获奖情况：团体奖1项　个人奖7项　优秀教师奖4项

水利类团体二等奖1项： 齐小静　程雪辰　胡榴烟
　　　　　　　　　　　向阳　王玉丽
水利类全能二等奖1项： 程雪辰
水利类尺规一等奖3项： 程雪辰　齐小静　蔡航
水利类尺规二等奖3项： 张靖文　向阳　胡榴烟
优秀指导教师水利类二等奖4项： 靳萍　詹平　穆勤远　尚涛

-02-
蔡航

专业：水利水电工程　学号：2010301580123

获奖经历：
- 第四届"高教杯"成图大赛
——水利类尺规一等奖;
- 2011年武汉大学图形技术大赛
——校级二等奖;

参赛感言：
在手工制图方面我深有感触，记得在第一次画手工图的时候，我因为铅笔没削好而画得一塌糊涂，于是我就下定决心一定要画好手工图，结果我还是被老师表扬了，于是我下定决心要为学校、老师争口气，于是我真正开始努力学习。

-03-
胡榴烟

专业：水利水电工程　学号：2010301580187

获奖经历：
- 第四届"高教杯"成图大赛
——水利类团体二等奖;
- 第四届"高教杯"成图大赛
——水利类尺规二等奖;
- 2011年武汉大学图形技术大赛
——校级一等奖;

参赛感言：
今年暑假我很有幸地和院里其他六位同学一起参加了在哈工大举办的第四届"高教杯"全国大学生先进成图技术与产品信息建模创新大赛，为了成绩，我们水利组的七个成员和指导老师们一起努力了近两个月的时间，其中还包括暑假里的一个月。

-04-
齐小静

专业：水利水电工程　学号：2010301580108

获奖经历：
- 第四届"高教杯"成图大赛
——水利类团体二等奖;
- 第四届"高教杯"成图大赛
——水利类尺规一等奖;
- 2011年武汉大学图形技术大赛
——校级一等奖;

参赛感言：
这真是个令人紧张的窒息时刻，在接下来的几分钟内，本次大赛的成绩就要正式公布了。我们忐忑，是因为没人知道下一秒等待我们的将是什么，是欢笑，还是沮丧？我们激动，是因为我们每一个人心里都清楚，无论结果如何，我们都已经获得了成功，没有胆怯，也没有悲伤。

-05-
王玉丽

专业：水利水电工程　学号：2009301580333

获奖经历：
- 第四届"高教杯"成图大赛
——水利类团体二等奖;
- 第四届"高教杯"成图大赛
——水利类全能二等奖;
- 2011年武汉大学图形技术大赛
——校级二等奖;

参赛感言：
初入大学已经是两年前的事情，那时面对太多的选择和毫无限制的兴趣发展，我一下子迷失在了自由里，没有能够真正沉下来完成一件事。直到一年前参加图形大赛的培训，我认为我在做一件自己喜欢而并不亦步亦趋的事情。

-06-
向阳

专业：水利水电工程　学号：2010301580211

获奖经历：
- 第四届"高教杯"成图大赛
——水利类团体二等奖;
- 第四届"高教杯"成图大赛
——水利类尺规二等奖;
- 2011年武汉大学图形技术大赛
——校级一等奖;

- 参赛人员合影 -

-07-
张靖文

专业：水利水电工程　学号：2010301580381

获奖经历：
- 第四届"高教杯"成图大赛
——水利类尺规二等奖;
- 2011年武汉大学图形技术大赛
——校级一等奖;

参赛感言：
学长曾经说过，没有参加过一次全国性比赛，并为之艰辛培训的大学生活是不完整的大学生活，当全国大学生先进成图技术与产品信息建模大赛结束后，回顾从五月份的初赛选拔到八月份的正式比赛结束，让我感受颇多。

2012年第五届"高教杯"全国大学生成图创新大赛——水利水电学院团队

- 01 -
齐小静
(队长)

专业：农业水电　学号：2010301580108

获奖经历：
● 第五届"高教杯"全国成图大赛 水利类团体二等奖
● 第五届"高教杯"全国成图大赛 水利类全能二等奖
● 第五届"高教杯"全国成图大赛 水利类建模二等奖

参赛感言：
　　培训的日子，虽然漫长，但是充满了乐趣。其间，我们还举办了一次趣味运动会。图形技能大赛的魅力不仅仅在于绘图技能的培训，奋斗的过程才是最珍贵的收获，我会永远怀念为比赛而奋斗的这段日子，青春、充实、有爱、温暖。

团队领队：詹 平

指导教师：李亚萍 靳萍 詹 平

教学督导：胡建国

团队成员：齐小静 向阳 杨莹 汤漾 李孟超
　　　　　吕天建 宋苏文 文喜雨 杨贝贝

获奖情况：水利类团体奖1项　个人奖11项

水利类团体 二等奖1项：齐小静 向阳 杨莹 汤漾
　　　　　　　　　　　　李孟超
水利类全能 一等奖1项：齐小静 杨莹 向阳
水利类全能 二等奖3项：齐小静
水利类尺规 一等奖1项：吕天建 杨莹 向阳
水利类尺规 二等奖4项：李孟超 宋苏文 文喜雨
　　　　　　　　　　　　杨贝贝

- 02 -
杨莹

专业：水利水电　学号：2010301580132

获奖经历：
● 第五届"高教杯"全国成图大赛
　　——水利类团体二等奖；
● 第五届"高教杯"全国成图大赛
　　——水利类尺规一等奖；
● 2012年"国家励志奖学金"，甲等奖学金；

参赛感言：
　　在上海比赛期间发生了很多事，虽然我们创设了很多设想也做好了很多准备，但是总有出人意料的事，比如比赛时间在开赛前十五分钟才明确，临时买了丁字尺还自己锯掉上半部分改装成L字尺，预料不到的图纸不清晰尺寸不明确等。但是我们还是尽量沉着冷静，取得了较好的成绩。

- 03 -
李孟超

专业：水利水电　学号：2010301580063

获奖经历：
● 第五届"高教杯"全国成图大赛
　　——水利类团体二等奖；
● 第五届"高教杯"全国成图大赛
　　——水利类尺规二等奖；

参赛感言：
　　我想如果说高考是我们人生的一次大的磨炼的话，那么这次比赛又何尝不是对我们的又一次的煅烧？接受磨砺才能有所成就。苦难是白受的吗？它应当使我们伟大！

- 04 -
宋苏文

专业：港口海岸及治海工程　学号：2010301580100

获奖经历：
● 第五届"高教杯"全国成图大赛
　　——水利类尺规二等奖；
● 2012年丙等奖学金；
● 保送武汉大学研究生；

参赛感言：
　　通过一个月的训练，我的画图速度和读图能力提高了很多，也能画高级一点的CAD水工图和看起来更高级的模型。总而言之，这个暑假让我收获了与比赛相关的学术知识，还有更多更珍贵的回忆。

- 05 -
杨贝贝

专业：水利水电　学号：2010301580310

获奖经历：
● 第五届"高教杯"全国成图大赛
　　——水利类尺规二等奖；
● 2012年广州水电建设奖学金；
● 保送武汉大学研究生；

参赛感言：
　　比赛结束后，虽说成绩并没有预期的好，但也无悔，因为拼搏过，过程更重要。收拾好心情，就去了宏村跟黄山。三天的游玩，每个人都很开心，山好、景好、人更好。真心感谢此次比赛，让我成长很多收获很多，青春因你们的存在不再孤单。

- 06 -
向阳

专业：水利水电　学号：2010301580211

获奖经历：
● 第五届"高教杯"全国成图大赛
　　——水利类团体二等奖；
● 第五届"高教杯"全国成图大赛
　　——水利类尺规一等奖；

参赛感言：
　　虽然今年我们水利组组队还是第二，和去年一样，但是我们的团队选手个人奖项和个人选手获奖都比往届多，尤其是全能奖项和尺规奖项，因此要感谢老师的指导，感谢队长的安排，感谢小组其他队员的配合。

- 07 -
汤漾

专业：水利水电　学号：2010301580083

获奖经历：
● 第五届"高教杯"全国成图大赛
　　——水利类团体二等奖；

参赛感言：
　　难得有这样的经历，几个人为着共同的目标而努力，一起挥洒汗水，一起克服困难。虽然最后决赛的结果有些不尽如人意，但是那段一起努力的日子依然让我备加珍惜。

- 08 -
吕天健

专业：水利水电　学号：2010301580095

获奖经历：
● 第五届"高教杯"全国成图大赛
　　——水利类全能二等奖；
● 第五届"高教杯"全国成图大赛
　　——水利类尺规一等奖；
● 保送武汉大学研究生；

参赛感言：
　　每天高频率的画图，日复一日的重复，一次次的失败，一次次的站起，不仅挑战的是我的耐心，还有我的信心与自尊，于是我抬起头看了看前方的路，低下头奔跑，一往无前。这种习惯我们会受益一生。

- 09 -
文喜雨

专业：水利水电　学号：2010301580305

获奖经历：
● 第五届"高教杯"全国成图大赛
　　——水利类尺规二等奖；
● 2012年"国家励志奖学金"；
● 保送武汉大学研究生；

参赛感言：
　　比赛结束之后我们发现好多平时掌握的技能都没有用上，培训的重点和比赛的重点也不是很一致，可后来想想这又有什么关系呢？重在过程，我们收获的不仅是荣誉证书，更是沉甸甸的知识果实。

2013年第六届"高教杯"全国大学生成图创新大赛——水利水电学院团队

-01-
奚鹏飞
（队长）

专业：水利水电工程　学号：2011301580355

获奖经历：
● 2013年武汉大学图形技术大赛
　　　　　　　　——校级一等奖；
● 2011—2012学年武汉大学国家奖学金；
● 2013年武汉大学乙等奖学金，梅景能奖学金；

参赛感言：
　　训练的日子里，我们只有图形陪伴。每天的生活就是和队员一起手工绘图，上机作图。学习中不仅有进步，有喜悦，也有挫折，有懊恼。我们在一次次磨炼中收获实战能力，在一次次交流中总结经验。

团队领队：詹平
指导教师：靳萍　詹平　刘永　刘天桢　丁倩
教学督导：胡建国
团队成员：肖文璨　刘和鑫　王颋　付毓　杨欢
　　　　　李思璇　梅粮飞　奚鹏飞　吴云涛

获奖情况：个人奖8项

水利类全能二等奖2项：肖文璨　刘和鑫
水利类建模二等奖3项：王颋　付毓　杨欢
水利类尺规一等奖2项：李思璇　刘和鑫
水利类尺规二等奖1项：梅粮飞

-02-
杨 欢

专业：港口海岸及治河工程　学号：2011301580364

获奖经历：
● 第六届"高教杯"成图大赛
　　　　　　——水利类建模二等奖
● 2013年武汉大学图形技术大赛
　　　　　　　　——校级一等奖

参赛感言：
　　在培训的这一个多月里，我过得很充实，虽然有时候感觉很累，但每天的培训总能让我有些收获，让我能在很大程度上掌握这门技术，当然可爱的队友们也是我坚持下去的动力。我参加了两届，去年失败了，这次我做到了！

-03-
吴云涛

专业：水利类　学号：2012301580029

获奖经历：
● 2013年武汉大学图形技术大赛
　　　　　　　　——校级一等奖
● 2013年武汉大学丙级奖学金

参赛感言：
　　我对工图很感兴趣，大一上用大木板画图的时光让我很怀念。虽说损失了和家人团聚以及其他方面学习的时间，但是我在这里收获了与平时不一样的友谊，算上学到的东西，想想武汉的天气，这段日子足以成为无法忘怀的美好回忆。

-04-
李思璇

专业：港口海岸及治河工程　学号：2010301580129

获奖经历：
● 第六届"高教杯"成图大赛
　　　　　　——水利类尺规一等奖
● 2013年武汉大学甲等奖学金，国家奖学金

参赛感言：
　　此次暑假培训收获颇多，手工绘图培养了我们的耐心，恒心，老师细心辅导，指点迷津，使我们的读图能力，绘图速度有了极大的提升，感谢老师给予我们此次培训的机会，不仅使我们对图形多了一份喜爱，而且绘图能力得到了较大的提升。

-05-
刘和鑫

专业：水利类　学号：2012301580259

获奖经历：
● 第六届"高教杯"成图大赛
　　　　　　——水利类全能二等奖
● 第六届"高教杯"成图大赛
　　　　　　——水利类尺规一等奖
● 2011年武汉大学甲等奖学金、国家奖学金

参赛感言：
　　一起交流，一起切磋，一起商讨，一起争辩，我怀念那段积极认真且有些单调的日子，我怀念我们的手工图与建模机房；我感谢给予我指点的老师，感谢指出我错误的队友，感谢我们的队伍。在我心中，这鎏金的记忆，历久弥香，永不褪色。

-06-
付 毓

专业：水利水电工程　学号：2010301580104

获奖经历：
● 第六届"高教杯"成图大赛
　　　　　　——水利类建模二等奖
● 2013年武汉大学图形技术大赛
　　　　　　　　——校级一等奖

参赛感言：
　　这次培训虽然只有短短的一个月，但是收获颇大。
　　首先，我学会了3D MAX软件，虽然只是些许皮毛，却就此引起了我对它的极大兴趣。能把平时在课本上看到的图转化为3D模型，让我非常有成就感。

-07-
王 颋

专业：给排水　学号：2012301580228

获奖经历：
● 第六届"高教杯"成图大赛
　　　　　　——水利类建模二等奖
● 2013年武汉大学乙等奖学金

参赛感言：
　　印象里艰难困苦的培训很快就过去了，没有印象中的阶段分明，任务明确。收获是多方面的，有必然的技术水平提升，更有难得的真挚友情，此外，更懂得了如何面对未来的大学生活。相信即使这次努力失败了，它也将是未来成功的垫脚石。

-08-
肖文璨

专业：水利类　学号：2012301580211

获奖经历：
● 第六届"高教杯"成图大赛
　　　　　　——水利类全能二等奖
● 2013年武汉大学图形技术大赛
　　　　　　　　——校级一等奖
● 2013年武汉大学甲等奖学金、广州水电奖学金

参赛感言：
　　培训学到的很多技术终身受用，在制图能力上有了很大提升，更重要的是交到了很多朋友，每天一起研究提高的方法欢乐也很有意义，这次培训真的是一段很难忘的经历！

-09-
梅粮飞

专业：水利类　学号：2012301580234

获奖经历：
● 第六届"高教杯"成图大赛
　　　　　　——水利类尺规二等奖
● 2013年武汉大学图形技术大赛
　　　　　　　　——校级一等奖

参赛感言：
　　近一个月的培训，虽然很累，但真心觉得收获了不少东西，无论是从知识上来讲，还是从自己的意志品质上来讲，将来一定会有用的，这于我后面的学习定是大有裨益的，也算是开拓了视野吧。

2014年第七届"高教杯"全国大学生成图创新大赛——水利水电学院团队

— 01 —
梅粮飞
（队长）

专业：水利水电　学号：2012301580234

获奖经历：
● 第六届"高教杯"成图大赛
　　——水利类尺规绘图二等奖
● 第七届"高教杯"成图大赛
　　——水利类团体一等奖、建模一
　　等奖、个人全能二等奖

参赛感言：
　　培训的这两个月收获颇丰，作为老队员，可谓经历了创业一样筚路蓝缕的艰辛，欣慰的是所有的付出与汗水都得到了应有的回报，心中已甚是满足了。

团队领队：詹平
指导教师：靳萍　詹平　刘华　丁倩
教学督导：詹平　杨建思
团队成员：梅粮飞　刘和鑫　田文祥　王顿
　　　　　吴云涛　奚鹏飞　张振伟

获奖情况：水利类团体奖1项　个人奖13项

水利类团体一等奖5项：梅粮飞　奚鹏飞　吴云涛
　　　　　　　　　　　刘和鑫　王顿
水利类全能一等奖5项：田文祥　刘和鑫　吴云涛
　　　　　　　　　　　奚鹏飞　张振伟
水利类全能二等奖3项：梅粮飞　王顿
水利类建模一等奖2项：梅粮飞　王顿

— 02 —
刘和鑫

专业：水利水电　学号：2012301580259

获奖经历：
● 第六届"高教杯"成图大赛
　　——水利类尺规绘图一等奖、全能二等奖
● 第七届"高教杯"成图大赛
　　——水利类全能一等奖

参赛感言：
　　时光荏苒，转眼间比赛已经过去了许久，然而回望那段时光，却是如此的美好而充实。我怀念和我一起训练的队友；我怀念我的调皮又机灵的小队员；我怀念和大家一起修改图纸的艰辛；我怀念而又深深地感谢老师们对我的指导与点拨……

— 03 —
田文祥

专业：水利水电　学号：2012301580275

获奖经历：
● 第七届"高教杯"成图大赛
　　——水利类个人全能一等奖
● 2013年武汉大学成图大赛水利类二等奖
● 2014年武汉大学成图大赛水利类一等奖

参赛感言：
　　对我来说，画图的过程很享受，当正确画出一种水工建筑物的时候，不仅仅有一种成就感，更多的是一种知识层面上的收获。通过成图竞赛，我认识了一些志同道合的朋友，也收获了最真挚的友谊。

— 04 —
王顿

专业：水利水电　学号：2012301580228

获奖经历：
● 第六届"高教杯"成图大赛
　　——水利类尺规一等奖
● 第七届"高教杯"成图大赛
　　——水利类团体、建模一等奖
　　全能二等奖

参赛感言：
　　两度参加高教杯成图大赛，有过成功也有过失败，回头望过来，真正刻骨铭心的还是对成图的那份爱。在第一次国赛败北的那一夜，曾把深深的遗憾埋在心底，但当号角再一次响起时，心中的热血又一次沸腾起来，我们选择了再战一场。

— 05 —
吴云涛

专业：水利水电　学号：2012301580029

获奖经历：
● 第七届"高教杯"成图大赛
　　——水利类团队一等奖、全能一等奖
● 2013年武汉大学成图大赛水利类一等奖
● 2014年武汉大学成图大赛水利类一等奖

参赛感言：
　　说起工图比赛，今年我是第二次参加了。去年那次比赛可以说是颗粒无收，而且输得浑身不服气。今年我们运用去年积累的经验，针对比赛的性质进行了有效的训练，终于实现了夙愿，拿下了团队一等奖。

— 06 —
奚鹏飞

专业：水利水电　学号：2011301580355

获奖经历：
● 第七届"高教杯"成图大赛
　　——水利类团体一等奖，全能二等奖；
● 2012年武汉大学国家奖学金；
● 2013年梅景能奖学金；

参赛感言：
　　今年是第二次参加成图技能大赛全国决赛，觉得相当幸运。最后能同时收获个人一等奖和团体一等奖有点出乎我的意料。我们终于摆脱往年的压迫，自第二届后再次捧起了第一名的奖牌。

— 07 —
张振伟

专业：水利水电　学号：2013301580281

获奖经历：
● 第七届"高教杯"成图大赛
　　——水利类全能一等奖；
● 水利水电学院新生辩论赛冠军；
● 水利水电学院学习成绩优秀三等奖；

参赛感言：
　　"高教杯"全国大学生先进成图技术与产品信息建模创新大赛，是我大学以来的第一个国家级竞赛，如今竞赛结束，自己静下心来对这一段时间进行总结，觉得取得成绩的同时，自己更收获了许多磨炼与感动。

2014年第七届"高教杯"全国大学生成图创新大赛——水利水电学院团队

宁泽宇
（队长）

专业：水利水电　学号：2012301580354

获奖经历：
● 第七届"高教杯"成图大赛
　——水利类团队二等奖、建模二等奖；
● 武汉大学学习先进个人三等奖；
● 武汉大学乙等奖学金；

参赛感言：
　　两年的竞赛培训让我学到了好多专业课里没学到的专业技能，也锻炼了我作为一个准工程师的坚持和严谨品质。衷心感谢詹老师给我这个学习的机会。士不可以不弘毅，任重而道远。我们都在路上！

团队领队： 詹平
指导教师： 靳萍　詹平　刘华　丁倩
教学督导： 詹平　杨建思
团队成员： 宁泽宇　胡甲秋　李冠铭　刘玉娇
　　　　　　　王栋　王惠民　严利冰　张曼

获奖情况： 水利类团体奖1项　个人奖10项

水利类团体二等奖1项： 严利冰　胡甲秋　王栋
　　　　　　　　　　　刘玉娇　宁泽宇
水利类全能一等奖2项： 胡甲秋　严利冰
水利类全能二等奖2项： 李冠铭　王惠民
水利类尺规一等奖1项： 李冠铭
水利类尺规二等奖2项： 刘玉娇　张曼
水利类建模一等奖1项： 王惠民
水利类建模二等奖2项： 宁泽宇　刘栋

胡甲秋

专业：水利水电　学号：2012301580226

获奖经历：
● 第七届"高教杯"成图大赛
　——水利类团体二等奖、全能一等奖
● 武汉大学乙等奖学金
● 武汉大学三好学生

参赛感言：
　　这一路，要感谢的人很多，特别是詹老师为我们准备的绿豆汤，在炎热的夏天给我们带来了清凉。还有靳萍老师和郭峰老师的教导。最后，就是要感谢一起奋斗的队友们，是他们的陪伴才让这一个月不孤单……

李冠铭

专业：水利水电　学号：2012301580201

获奖经历：
● 第七届"高教杯"成图大赛
　——水利类尺规一等奖、全能二等奖
● 2013年武汉大学成图大赛二等奖

参赛感言：
　　成图大赛，付出很多，收获更多。在培训的过程中，队友们互帮互助，共同成长，带队老师们悉心指导，对我们关怀备至，一度过了这一段努力上进而又和谐友爱的时光。

刘玉娇

专业：水利水电　学号：2012301580200

获奖经历：
● 第七届"高教杯"成图大赛
　——水利类团队二等奖、全能二等奖

参赛感言：
　　暑期一个月的培训，学习到了许多，在工图方面进步很大，与大家的愉快相处也让培训中多了很多快乐，交到了很多朋友，感谢各位老师的指导，很高兴能参加这次比赛。

王栋

专业：水利水电　学号：2012301580236

获奖经历：
● 第七届"高教杯"成图大赛
　——水利类团体二等奖、建模二等奖
● 第五届大学生数学竞赛（预赛）一等奖
● 学习先进个人三等奖

参赛感言：
　　因为有了老师的辛勤指导，队友间的相互探讨鼓舞，才创造了这次工图比赛的辉煌。在这里对老师、队友以及所有帮助过我的人表示由衷的感谢。此外，一个月的暑期培训，既增强了我绘图方面的技能，又提升了我的团队合作能力。

王惠民

专业：水利水电　学号：2013301580207

获奖经历：
● 第七届"高教杯"成图大赛
　——水利类建模一等奖、全能二等奖
● 武汉大学水电学院学习先进个人二等奖
● 武汉大学2014年成图一等奖

参赛感言：
　　我能够在这次比赛中获得如此优良的成绩，要感谢詹老师、靳老师、郭老师三位指导老师细心周到的指导以及水利组各成员对我的帮助。在这次比赛中，我学习到了许多重要技能，更让我感受到了团队精神闪烁的熠熠光辉。

严利冰

专业：水利水电　学号：2013301580047

获奖经历：
● 第七届"高教杯"成图大赛
　——水利类团体二等奖、全能一等奖
● 湖北省外语翻译大赛笔译组优秀奖
● 武汉大学第五届逻辑推理大赛二等奖

参赛感言：
　　感谢几位老师对我的关心和教导，是他们的鼓励和耐心让我迎难而上；感谢齐小静学姐对我的引导和指点；也要感谢队里面给力的学长学姐，辛苦地查找资料介绍比赛经验；还要感谢一起努力相扶前进的小伙伴们。

张曼

专业：水利水电　学号：2013301580213

获奖经历：
● 第七届"高教杯"成图大赛
　——水利类尺规二等奖
● 武汉大学新生丙等奖学金
● 先进个人三等奖

参赛感言：
　　首先，很感谢学校和老师为我们提供的一个提高自己图形技能的平台。对于我们学生来说这是对我们学习的一种激励和鼓舞，使我们在以后的日子里不敢有丝毫懈怠，也使我们明白在很多方面，我们都缺乏深入的探究。

2015年第八届"高教杯"全国大学生成图创新大赛——水利水电学院团队

- 01 -
韩景晔
（队长）

专业：水利水电　学号：2013301580176

获奖经历：
● 第八届"高教杯"成图大赛
　　　　　——尺规绘图一等奖；
● 学生创新创业国家级项目；

参赛感言：
　　从数字与公式走出，来到线条与立体之中，成图训练让学习的内容更加具体化，让我习得了重要的工作技能，一次比赛，受益终身。

团队领队：周伟
指导教师：靳萍　周伟　王永祥　詹平
团队成员：张曼　严利冰　王惠民　王栋
　　　　　林博闻　田颖琳　董佩瑶　武芳
　　　　　欧阳特　吴慧蓉　韩景晔　岳强
　　　　　刘玉娇　景唤

获奖情况：团体1项　个人18项

水利类团体二等奖1项：张曼　严利冰　王惠民
　　　　　　　　　　　刘玉娇　王栋
水利类全能一等奖1项：严利冰
水利类全能二等奖4项：董佩瑶　欧阳特　王栋　王惠民
水利类尺规一等奖3项：王栋　董佩瑶　张曼
水利类尺规二等奖4项：刘玉娇　岳强　林博闻　田颖琳
水利类建模一等奖3项：欧阳特　王栋　王惠民
水利类建模二等奖3项：武芳　刘玉娇　韩景晔

- 02 -
景 唤

专业：水利水电　学号：2012301580222

获奖经历：
● 第四届全国大学生水利创新设计大赛
　　　　　　　　　　　特等奖；
● 第八届全国大学生节能减排
　　　　　　　　　　　三等奖；

参赛感言：
　　2014—2015学年度，我参加了武汉大学水利水电学院举办的水利创新设计大赛，自主设计了一个新型的动静式螺旋流水沙分离装置来对黄河的灌溉水源进行初步处理，并且取得了全国特等奖的成绩。

- 03 -
董佩瑶

专业：水利水电　学号：2013301580318

获奖经历：
● 第八届"高教杯"成图大赛
　　　　　——个人全能二等奖；
● 第八届"高教杯"成图大赛
　　　　　——尺规绘图一等奖；

参赛感言：
　　从大一最初接触工图课就深深地喜爱上了它，而且更为幸运的是遇上了一位耐心负责的詹老师。未来我还会继续努力去取得更为优异的成绩。

- 04 -
林博闻

专业：水利水电　学号：2013301580041

获奖经历：
● 第八届"高教杯"成图大赛
　　　　　——尺规绘图二等奖；
● 2015年武汉大学成图大赛
　　　　　　　　　　　一等奖；

参赛感言：
　　参加成图比赛，经过半年多的培训，学习CAD和建模。我想我收获到的远比奖项更多。受到老师和前辈们的各种支持、关照。通过比赛暴露一些问题，在解决问题的过程中我也在不断成长，所有的一切都会成为我们的宝贵财富。

- 05 -
田颖琳

专业：水利水电　学号：2014301580255

获奖经历：
● 第八届"高教杯"成图大赛
　　　　　——尺规绘图二等奖；
● 2015年武汉大学成图大赛
　　　　　　　　　　　一等奖；

参赛感言：
　　非常幸运能作为武大团队的一员参加成图大赛，从培训到选拔，从备赛到参赛，在这个过程中我受益良多。当然我的不足还有很多，非常感谢老师的指导与学长学姐的帮助，这将成为我大学入门最重要的一课，我将带着过程中的收获继续努力。

- 06 -
吴慧蓉

专业：水利水电　学号：2012301580218

获奖经历：
● 2015年武汉大学成图大赛
　　　　　　　　　　　一等奖；

参赛感言：
　　在平常训练和小伙伴们讨论画图技巧的过程中，不仅提高了自己的能力，也结识了一群可爱的小伙伴。人生的道路没有那么一帆风顺，每一次的经历都能使人成长，愿未来的自己能够看结果看淡一些，多注重过程，享受每一次竞赛。

- 07 -
欧阳特

专业：水利水电　学号：2014301580035

获奖经历：
● 第八届"高教杯"成图大赛
　　　　　——个人全能二等奖；
● 第六届"高教杯"成图大赛
　　　　　——水利类建模一等奖；

参赛感言：
　　小事成就大事，细节成就完美，不要在低谷沉沦，不要在高峰上放弃努力！

- 08 -
岳 强

专业：水利水电　学号：2013301580121

获奖经历：
● 第八届"高教杯"成图大赛
　　　　　——尺规绘图二等奖；
● 2015年武汉大学成图大赛
　　　　　　　　　　　一等奖；

参赛感言：
　　非常感谢学校和老师能给予我这次参加比赛的机会，对我来说，在这几个月的学习中极大地锻炼了我的能力，除了画图技术，更多的是知识面的拓展。能为武汉大学争得荣誉将是让我永远引以为傲的事。

- 09 -
武 芳

专业：水利水电　学号：2013301580181

获奖经历：
● 第八届"高教杯"成图大赛
　　　　　——水利类建模二等奖；
● 2015年武汉大学成图大赛
　　　　　　　　　　　一等奖；

参赛感言：
　　参加成图比赛，是我认为在本科参加的最有意义的活动，三个月的培训，一个月的集训，是吸收经验、增长阅历、广结好友、丰富生活的宝贵机会。后来参加其他比赛都是因为我有CAD和3Dmax制图的特长，使我获得了其他比赛的荣誉。

2015年第八届"高教杯"全国大学生成图创新大赛——水利水电学院团队

- 01 -
张 曼
（队长）

专业：水利水电　　学号：2013301580213

获奖经历：
- 第八届"高教杯"成图大赛
　　　　——尺规绘图一等奖；
- 第八届"高教杯"成图大赛
　　　　——水利类团队二等奖；

参赛感言：
　　我有幸参加了2014年、2015年两届比赛，老师们耐心指导、队员们一起努力和取得成绩后的雀跃欢呼，过往回忆仍历历在目。在这里我不仅收获了成长和友谊，而且留下了大学最深刻的记忆。

团队领队： 周伟
指导教师： 靳萍　周伟　王永祥　詹平
团队成员： 张曼　严利冰　王惠民　王栋
　　　　　　林博闻　田颖琳　董佩瑶　武芳
　　　　　　欧阳特　吴慧蓉　韩景晔　岳强
　　　　　　刘玉娇　景唤

获奖情况： 团体1项　个人18项

水利类团体二等奖1项：张曼　严利冰　王惠民
　　　　　　　　　　　刘玉娇　王栋
水利类全能一等奖1项：严利冰
水利类全能二等奖4项：董佩瑶　欧阳特　王栋　王惠民
水利类尺规一等奖3项：王栋　董佩瑶　张曼
水利类尺规二等奖4项：刘玉娇　岳强　林博闻　田颖琳
水利类建模一等奖3项：欧阳特　王栋　王惠民
水利类建模二等奖3项：武芳　刘玉娇　韩景晔

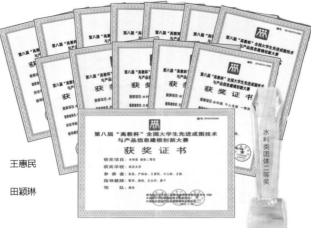

- 10 -
严利冰

专业：水利水电　　学号：2013301580047

获奖经历：
- 第七届"高教杯"成图大赛
　　　　——个人全能一等奖；
- 第八届"高教杯"成图大赛
　——水利类个人全能一等奖、团队一等奖；

参赛感言：
　　大赛的整个过程对我来说无疑是一次美好的记忆，也许很久以后，这段经历都会带来快乐与思索，而且它赋予了我许多宝贵的财富。感谢相互激励帮助、共同进步的同学队友，愿成图团队越来越好。

- 11 -
王惠民

专业：水利水电　　学号：2013301580207

获奖经历：
- 第七届"高教杯"成图大赛
　　——建模一等奖、个人全能二等奖；
- 第八届"高教杯"成图大赛
　——缄默一等奖、团体、个人全能二等奖；

参赛感言：
　　成图大赛所收获的技术与能力为我参与后续的其他竞赛提供了良好的技术储备，并提升了我应对问题和解决问题的能力。感谢成图大赛各位老师细致周到的教学和指导以及各位队友热心积极的鼓励和帮助！

- 12 -
刘玉娇

专业：水利水电　　学号：2012301580200

获奖经历：
- 第八届"高教杯"成图大赛
　　　　——尺规、建模二等奖；
- 第八届"高教杯"成图大赛
　　　　——团队二等奖；

参赛感言：
　　我参与了成图技能大赛的暑期集训，培训中我们团结互助，积极讨论，刻苦训练，营造了良好的氛围，参赛的经历让我在平时的大学生活中获益良多，学习上更加认真。

- 13 -
王栋

专业：水利水电　　学号：2012301580236

获奖经历：
- 第八届"高教杯"成图大赛
　　　　——尺规、建模二等奖；
- 第八届"高教杯"成图大赛
　　　　——个人全能二等奖；

参赛感言：
　　赛场上激烈而短暂的数小时，背后却是整个团队的付出。感谢有这么一群可爱的人儿组成我们这个团队大家庭，是大家积极向上，敢于追求更好的态度让我们携手并进，共同进步，创造属于我们团队更加辉煌的成果。

赛事寻影：

2016年第九届"高教杯"全国大学生成图创新大赛——水利水电学院团队

- 01 -
林博闻
（队长）

专业：水利水电　学号：2013301580041
获奖经历：
● 第九届"高教杯"成图大赛
　——水利类团体一等奖、创意一等奖；
● 第九届"高教杯"成图大赛
　——水利类全能一等奖；

参赛感言：
　今年是我第二年参加成图国赛，作为队内唯一的参加过国赛的老队员，我也义不容辞地承担了今年成图大赛水利组队长的职责。成图大赛从大一开始就伴随着我的大学生活至今，见证了我的成长和进步，成为我人生当中宝贵的财富。

团队领队：詹平
指导教师：詹平　靳萍　郭峰　尚涛
教学督导：詹平　尚涛
团队成员：林博闻　张誉靓　王秋吟　黄泽浩
　　　　　　覃玥　金文庭　廖倩　舒鹏　徐欢
获奖情况：水利类团体奖2项　个人奖13项
团队领队：林博闻　张誉靓　王秋吟、
　　　　　　黄泽浩　覃玥
水利类团体一等奖1项：林博闻　黄泽浩
水利类全能一等奖2项：廖倩　舒鹏　覃玥
　　　　　　　　　　　　徐欢　张誉靓
水利类全能二等奖5项：廖倩　王秋吟　徐欢　张誉靓
水利类建模二等奖1项：徐欢
水利类建模二等奖1项：金文庭

- 02 -
张誉靓

专业：工程力学　学号：2016301890047
获奖经历：
● 第九届"高教杯"成图大赛
　——水利类团体一等奖、创意赛一等奖；
● 第九届"高教杯"成图大赛
　——水利类全能二等奖、尺规一等奖；

参赛感言：
　工程制图是自己十分喜欢的一门课程，自己非常幸运地进入了国赛。每次画完一幅图后大家一起评卷，交流经验，大家新发现了什么技巧都知无不言，这让我感受到了一个团队的凝聚力，作为这个团队的一份子自己是多么荣幸！

- 03 -
王秋吟

专业：港口与港航　学号：2013301580305
获奖经历：
● 第九届"高教杯"成图大赛
　——水利类团体一等奖、创意赛一等奖；
● 第九届"高教杯"成图大赛
　——水利类尺规一等奖；

参赛感言：
　我觉得最终的比赛过程令人难忘，而最充实最美好的则是整个团队一起培训，并肩作战的日子！享受其中也就不觉得辛苦与单调，毕竟是与一群可爱的小天使一起学习，一起吃饭，一起大笑，还包括玩狼人、打羽毛球！

- 04 -
黄泽浩

专业：国际水利工程管理　学号：2014301580150
获奖经历：
● 第九届"高教杯"成图大赛
　——水利类以一等奖、创意赛一等奖；
● 第九届"高教杯"成图大赛
　——水利类全能一等奖；

参赛感言：
　很荣幸能够参加这次大赛，也很幸运能够取得如此好的成绩。感谢老师、学长们的辛勤教学，感谢队友们的互帮互动，感谢自己的辛苦努力，也感谢所有带给我这份荣誉的人和经历。

- 05 -
覃玥

专业：水资源与水文　学号：2015301580192
获奖经历：
● 第九届"高教杯"成图大赛
　——水利类团体一等奖、创意赛一等奖；
● 第九届"高教杯"成图大赛
　——水利类全能二等奖；

参赛感言：
　这次比赛我幸运地获得了个人全能二等奖的成绩，作为一名大一的学生，能够获得这份殊荣，我感到很幸运，心中除了喜悦，更多的是感动和感激。

- 06 -
廖倩

专业：港口与港航　学号：2013301580217
获奖经历：
● 第九届"高教杯"成图大赛
　　——水利类全能二等奖；
● 第九届"高教杯"成图大赛
　　——尺规绘图二等奖；

参赛感言：
　成图培训，让我学到了很多，从手工绘图到使用软件建模，也算是掌握了一项技能。不过，通过比赛又会暴露一些问题让我们引起注意，在解决问题的过程中我们也在不断成长，所有的一切都会成为我们的宝贵财富。

- 07 -
舒鹏

专业：水利类　学号：2015301580104
获奖经历：
● 第九届"高教杯"成图大赛
　　——水利类全能二等奖；
● 2016年武汉大学图形技能大赛一等奖；

参赛感言：
　参加这次成图比赛，经过半年多的培训，从零开始学习CAD和建模。我想我收获到的远比奖项更多。为了同一个目标专心致志地研究，得到老师和前辈们的各种支持、关照。我相信，这件事一定能成为我今后人生道路上的不竭动力。

- 08 -
徐欢

专业：水利类　学号：2015301580084
获奖经历：
● 第九届"高教杯"成图大赛
　　——水利类全能二等奖、建模一等奖；
● 2016年武汉大学图形技能大赛一等奖；

参赛感言：
　作为大一的学生能够参加此次比赛着实备感幸运。刚刚开启暑期培训时还带着侥幸入选的心虚以及不能获奖的忧虑，很快便只有默默努力。短短几十天我们收获知识、技能、友谊和欢乐，当然最后的奖也很重要——不过，应该是水到渠成的吧。

- 09 -
武芳

专业：水利水电工程　学号：201430158023
获奖经历：
● 第九届"高教杯"成图大赛
　　——水利类建模二等奖；

参赛感言：
　不断学习才会明白成长的可贵。

2017年第十届"高教杯"全国大学生成图创新大赛——水利水电学院团队

- 01 -
舒鹏
（队长）

专业：水利水电　　学号：2015301580104

获奖经历：
- 第九届"高教杯"成图大赛
　　——水利类全能一等奖;
- 第十届"高教杯"成图大赛
　　——水利类团体一等奖、全能二等奖;

参赛感言：
作为第二年参赛的老队员，在这一次成图竞赛里，我有了全新的经验。去年的成图比赛中，我感受到了成图这个大家庭的温暖，成图水利组是一个很棒的团体，希望它能走得更远！

团队领队： 詹平
指导教师： 靳萍　詹平　彭正洪
教学督导： 詹平　杨建思
团队成员： 舒鹏　苗泽锴　张家余　安妮
　　　　　　熊谦　黄绳　黄一飞　谢笛　张文宇

获奖情况： 水利类团体奖1项　个人奖14项

水利类团体一等奖1项： 舒鹏　苗泽锴　张家余
　　　　　　　　　　　　安妮　熊谦
水利类全能一等奖2项： 安妮　苗泽锴
水利类全能二等奖6项： 黄一飞　舒鹏　谢笛
　　　　　　　　　　　　熊谦　张家余　张文宇
水利类尺规一等奖5项： 黄绳　黄一飞　熊谦
　　　　　　　　　　　　张家余　张文宇
水利类建模一等奖1项： 熊谦

- 02 -
苗泽锴

专业：水利水电　　学号：2016301580064

获奖经历：
- 第十届"高教杯"成图大赛
　　——水利类团体一等奖;
- 第十届"高教杯"成图大赛
　　——水利类全能一等奖;

参赛感言：
为了参加这次比赛，我们经过了两阶段的辛苦培训，熟练地掌握了CAD，3Ds Max这两个软件，能让我在之后的学习中更加轻松。十分感谢老师给我提供的机会，让我有机会收获一份荣誉，更收获一份友谊。

- 03 -
张家余

专业：水利水电　　学号：2015301580111

获奖经历：
- 第十届"高教杯"成图大赛
　　——水利类团体一等奖、全能二等奖;
- 第十届"高教杯"成图大赛
　　——水利类尺规一等奖;

参赛感言：
不经一番彻骨寒，怎得梅花扑鼻香。没有假期将近两周的努力奋斗，大家的努力共勉，没有前辈与老师的悉心指导，我无法在这次比赛中获得相对满意的成绩。愿我校能够在以后的比赛中继往开来永创辉煌。

- 04 -
安妮

专业：水利水电　　学号：2015301580328

获奖经历：
- 第十届"高教杯"成图大赛
　　——水利类团体一等奖;
- 第十届"高教杯"成图大赛
　　——水利类全能一等奖;

参赛感言：
在成图培训的日子里，在老师的淳淳教诲中，在同学们的互帮互助下，我不仅巩固了以前学到的知识，还丰富了眼界，学到了新技能，交到了新朋友。特别感谢学校为我们提供了这么好的平台。

- 05 -
熊谦

专业：水利水电　　学号：2016301580151

获奖经历：
- 第十届"高教杯"成图大赛
　　——水利类团体一等奖、全能二等奖;
- 第十届"高教杯"成图大赛
　　——水利类尺规一等奖、建模一等奖;

参赛感言：
这是我大学第一个暑假，也是我度过的最难忘的一个月。大家的探讨很快驱散了初识的尴尬。比赛已结束一月之久，但这次的经历与它带来的友谊将陪伴我度过今后的学习与生活。

- 06 -
黄绳

专业：水利水电　　学号：2015301580203

获奖经历：
- 第十届"高教杯"成图大赛
　　——水利类尺规一等奖;
- 2015—2016年度优秀学生甲等奖学金;
- 2016年全国大学生数学竞赛三等奖;

参赛感言：
很高兴能和一群小伙伴在几个月的时间里一起学习，一起进步，在嬉戏打闹中收获的不仅是生活的充实，还有专业技能的提高。希望这次参赛给我们带来的提高，能在以后越来越多的实践中得到检验。

- 07 -
黄一飞

专业：水利水电　　学号：2015301580165

获奖经历：
- 第十届"高教杯"成图大赛
　　——水利类全能二等奖;
- 第十届"高教杯"成图大赛
　　——水利类尺规一等奖;

参赛感言：
每一次经历都是生活给予的宝贵经验，是成长的必然。这次参加成图大赛也不例外。在参赛的过程中，我发现了自己的不足，借鉴到了他人的经验，这会使我在学习上更加努力。

- 08 -
谢笛

专业：水利水电　　学号：2016301580153

获奖经历：
- 第十届"高教杯"成图大赛
　　——水利类全能二等奖;
- 2017年武汉大学成图大赛一等奖;

参赛感言：
参加本次成图大赛可以说是收获了很多，先后经过了两阶段的培训，我所收获到的不仅仅是知识和技能上的提升，更重要的是拥有了一段充实和愉快的经历和一群共同奋斗过的朋友。

- 09 -
武芳

专业：水利水电　　学号：2016301580051

获奖经历：
- 第十届"高教杯"成图大赛
　　——水利类全能二等奖;
- 第十届"高教杯"成图大赛
　　——水利类尺规一等奖;

参赛感言：
横平竖直，是我们成图人一丝不苟的坚守。
方圆尺规，是我们成图人严丝合缝的求是。

2018年第十一届"高教杯"全国大学生成图创新大赛——水利水电学院团队

- 01 -
张文宇
（队长）

专业：水利水电　　学号：2016301580051

获奖经历：
- 第十一届"高教杯"成图大赛
　　——水利类团体一等奖;
- 第十一届"高教杯"成图大赛
　　——水利类尺规一等奖、建模三等奖;

参赛感言：
　　第二年成图大赛，作为队长的充实更加上我觉得受益匪浅。非常荣幸可以代表武汉大学参加比赛并达成团队一等奖的许诺，这将是我记忆里永远闪光的美好记忆，这是我人生中美好的经历。

团队领队：詹平
指导教师：詹平　靳萍　梅粮飞　石习磊
教学督导：詹平
团队成员：张文宇　安妮　黄一飞
　　　　　谢笛　陈锴锟

获奖情况：水利类团体奖1项　个人奖10项

水利类团体一等奖1项：张文宇　安妮　黄一飞
　　　　　　　　　　　谢笛　陈锴锟
水利类尺规一等奖3项：谢笛　安妮　张文宇
水利类尺规二等奖2项：黄一飞　陈锴锟
水利类建模一等奖1项：陈锴锟
水利类建模二等奖3项：谢笛　黄一飞　安妮
水利类建模三等奖1项：张文宇

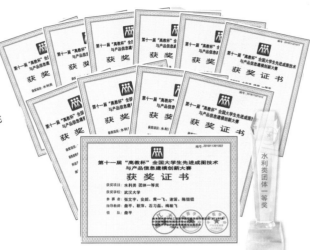

- 01 -
安妮

专业：水利水电　　学号：2015301580328

获奖经历：
- 第十一届"高教杯"成图大赛
　　——水利类团体一等奖;
- 第十一届"高教杯"成图大赛
　　——水利类尺规一等奖、建模二等奖;

参赛感言：
　　参加成图大赛不在于获奖多少，更重要的是这个过程中我们的能力和毅力得到了锻炼，学会了新的实用技能，同时还交到了很多好朋友。

- 02 -
黄一飞

专业：水利水电　　学号：2015301580165

获奖经历：
- 第十一届"高教杯"成图大赛
　　——水利类团体一等奖;
- 第十一届"高教杯"成图大赛
　　——水利类尺规二等奖、建模二等奖;

参赛感言：
　　每个队员都有自我的经历和个性特征，只有集思广益，博采众长，才能获取更好的解决方案。珍惜和怀念这段一起奋斗的日子。

- 03 -
安妮

专业：水利水电　　学号：2016301580153

获奖经历：
- 第十一届"高教杯"成图大赛
　　——水利类团体一等奖;
- 第十一届"高教杯"成图大赛
　　——水利类尺规一等奖、建模二等奖;

参赛感言：
　　今年是我第二次参加成图大赛，但对于我来说整个过程的充实与满足不减去年。很荣幸可以代表武汉大学参加比赛并获得荣誉，这将成为我人生美好而难忘的经历。

- 04 -
熊谦

专业：水利水电　　学号：2016301580151

获奖经历：
- 第十一届"高教杯"成图大赛
　　——水利类团体一等奖;
- 第十一届"高教杯"成图大赛
　　——水利类尺规二等奖、建模一等奖;

参赛感言：
　　这是我大学第一个暑假，也是我度过的最难忘的一个月。获奖的那一刻，我感受到自己的努力最终还是被眷顾，这样的故事很美。

赛事剪影：

2018年第十一届"高教杯"全国大学生成图创新大赛——水利水电学院团队

- 01 -
邓辉
（队长）

团队领队：詹平
指导教师：詹平　靳萍　梅粮飞　石习磊
教学督导：詹平
团队成员：邓辉　汪泾舟　邓梁塾　徐诗恬
　　　　　卢聆江　胡悦　罗杰　李钰兰
　　　　　申佳琪

专业：水电工程　　学号：2015301580138

获奖经历：
● 第十一届"高教杯"成图大赛
　　　　　——水利类尺规二等奖；
● 2018武汉大学成图大赛一等奖；

获奖情况：水利类个人奖13项

水利类尺规一等奖1项：申佳琪
水利类尺规二等奖2项：汪泾舟　邓辉
水利类尺规三等奖4项：胡悦　徐诗恬　卢聆江
　　　　　　　　　　　李钰兰
水利类建模二等奖2项：徐诗恬　罗杰
水利类建模三等奖4项：申佳琪　卢聆江　李钰兰
　　　　　　　　　　　胡悦

参赛感言：

　　我非常庆幸能够参加这次比赛，并且代表我们院出战。参加这次比赛是我人生路上提升自我的一个节点。

- 02-
汪泾舟

专业：水利系　　学号：2017301580283

获奖经历：
● 第十一届"高教杯"成图大赛
　　　　　——水利类尺规二等奖；
● 2018武汉大学成图大赛一等奖；

参赛感言：

　　我很庆幸参加了本届的成图大赛，也很荣幸能够通过选拔成为团队选手参加最后的国赛。参加成图比赛的这段记忆必将成为我人生中的一笔宝贵的财富。

- 03 -
邓梁塾

专业：水利水电　　学号：2015301580061

获奖经历：
● 2018武汉大学成图大赛一等奖；

参赛感言：

　　本次有幸能作为一名水利组团队选手参加比赛，从暑假一开始，每天早上的八点半到晚上的九点，依次针对水工结构图的手工尺规绘图和二三维计算机绘图进行训练。在这段时光里，大家都默默鼓劲，成就未来！

- 04 -
徐诗恬

专业：水利系　　学号：2017301580207

获奖经历：
● 第十一届"高教杯"成图大赛
　　　　　——水利类尺规三等奖；
● 第十一届"高教杯"成图大赛
　　　　　——水利类建模二等奖；

参赛感言：

　　第一次参加成图竞赛，能得奖真的十分开心。赛前细致的相互讨论指正、相互交流进步，让我获益匪浅，水利组的团结永远是我们最大的支持！

- 05 -
熊谦

专业：水利水电　　学号：2016301580151

获奖经历：
● 第十届"高教杯"成图大赛
　　　　　——水利类团体一等奖、全能二等奖；
● 第十届"高教杯"成图大赛
　　　　　——水利类尺规一等奖、建模一等奖；

参赛感言：

　　一开始得知自己被选上参加比赛的时候我是意外又激动，一腔热血决定与尺规和二三维奋斗到底。

- 06 -
胡悦

专业：水利系　　学号：2017301580215

获奖经历：
● 第十一届"高教杯"成图大赛
　　　　　——水利类尺规三等奖；
● 第十一届"高教杯"成图大赛
　　　　　——水利类建模三等奖；

参赛感言：

　　参加这个比赛，不光学习了很多制图方法，还认识到了许多优秀的老师和学长学姐，并从他们身上学到了水利知识，也吸收了不一样的思维理念。三人行必有我师焉，这一趟参赛之旅使我受益匪浅。

- 07 -
罗杰

专业：水利系　　学号：2017301580126

获奖经历：
● 第十一届"高教杯"成图大赛
　　　　　——水利类建模二等奖；
● 2018武汉大学成图大赛一等奖；

参赛感言：

　　从第一轮培训开始，每个星期的周六周日都会有成图培训的时间，这个过程很辛苦。而能够坚持下去的同学则最后的结果也不会差，这是给予坚持的回报。

- 08 -
李钰兰

专业：水电工程　　学号：2016301580091

获奖经历：
● 第十一届"高教杯"成图大赛
　　　　　——水利类尺规三等奖；
● 第十一届"高教杯"成图大赛
　　　　　——水利类建模三等奖；

参赛感言：

　　很庆幸可以参加这一次的成图比赛，大二能得到这次机会也让我格外珍惜。大家互帮互助，共同进步，真的很棒。

- 09 -
申佳琪

专业：农历水利　　学号：2016301580049

获奖经历：
● 第十一届"高教杯"成图大赛
　　　　　——水利类尺规一等奖；
● 第十一届"高教杯"成图大赛
　　　　　——水利类建模三等奖；

参赛感言：

　　成图竞赛重在过程而不在结构。在竞赛培训的过程中，我学到了许多。其中最重要的一个东西叫做坚持。

2019年第十二届"高教杯"全国大学生成图创新大赛——水利水电学院团队

- 01 -
徐梁（队长）

专业：水利水电　学号：201730158005

获奖经历：
● 第十二届"高教杯"成图大赛
　　——水利类团体二等奖；
● 第十二届"高教杯"成图大赛
　　——建模一等奖、尺规三等奖；

参赛感言：
　　这一届成图一期培训工程建模教得比较晚，我认为应在培训的期中测试以前教会简单建模，后面再慢慢完善建模手段，希望以后培训中队长先和手工老师商量好画图顺序，制订好画图计划。

团队领队：詹平
指导教师：靳萍　詹平　刘华　邓辉
教学督导：詹平
团队成员：徐梁　常利伟　徐畅　周鑫
　　　　　刁雨晴　汪泾周　刘哲琼　李文彬
　　　　　袁钲皓　杨朝锐

获奖情况：水利类团体奖1项　个人奖16项

水利类团体二等奖1项：徐梁　常利伟　徐畅
　　　　　　　　　　　周鑫　汪泾周
水利类尺规一等奖1项：汪泾周
水利类建模一等奖1项：徐梁
水利类尺规二等奖4项：李文彬　常利伟　周鑫
　　　　　　　　　　　杨朝锐
水利类建模二等奖1项：汪泾周
水利类尺规三等奖4项：徐畅　刘哲琼　徐梁　刁雨晴
水利类建模三等奖5项：杨朝锐　常利伟　周鑫　刁雨晴
　　　　　　　　　　　袁钲皓

水利类团体二等奖

- 02 -
常利伟

专业：水利水电　学号：2017301580141

获奖经历：
● 第十二届"高教杯"成图大赛
　　——水利类团体二等奖；
● 第十二届"高教杯"成图大赛
　　——水利类尺规二等奖、建模三等奖；

参赛感言：
　　我是常利伟，2017级学生，2018年参加了成图大赛校赛培训，2019年参加国赛。平时模拟的时候要多讨论，这一点特别好，可以趁这个机会向强者多学习一下技术和技巧，这个比自己琢磨见效快多了；模拟的时候要从头到尾都像比赛的时候来一遍，尽量规避技术以外的因素。还有就是多练习吧。

- 03 -
徐畅

专业：水利水电　学号：2016301580039

获奖经历：
● 第十二届"高教杯"成图大赛
　　——水利类团体二等奖；
● 第十二届"高教杯"成图大赛
　　——水利类尺规三等奖；

参赛感言：
　　如果当时国赛培训的时候自己再努力一些，是不是就不会给自己留下遗憾，为拖队伍后腿而内疚？认认真真踏踏实实地学一个月，最后收获的不仅仅是物质上的奖励，更多的还有精神上的满足与自豪。

- 04 -
周鑫

专业：水利水电　学号：2018302060124

获奖经历：
● 第十二届"高教杯"成图大赛
　　——水利类团体二等奖；
● 第十二届"高教杯"成图大赛
　　——水利类尺规二等奖、建模三等奖；

参赛感言：
　　集中训练时，正值武汉的七月，骄阳似火，宛如回到高中一般的刻苦训练，日复一日的画图，改图，建模型，几位指导老师和往届的学长学姐也为我们尽心尽力。最后，感谢老师和队员的帮助，这次比赛将是我人生当中一段难忘的经历！

- 05 -
刁雨晴

专业：水利水电　学号：2017301580043

获奖经历：
● 第十二届"高教杯"成图大赛
　　——水利类尺规三等奖；
● 第十二届"高教杯"成图大赛
　　——水利类建模三等奖；

参赛感言：
　　成图比赛的一个月，虽然忙碌，但非常充实。我觉得成图比赛是我大学中最宝贵的经历之一，努力、付出，然后获得回报。这也是我人生中一定会记住的一段时光。

- 06 -
汪泾周

专业：水利水电　学号：2017301580283

获奖经历：
● 第十二届"高教杯"成图大赛
　　——水利类团体二等奖；
● 第十二届"高教杯"成图大赛
　　——尺规一等奖、建模二等奖；

参赛感言：
　　很庆幸我能够参加两年的成图大赛，在这两年的比赛经历中我逐渐成长了，不仅学会了很多工程制图，场景建模的知识与技能，也收获了很多真挚的友谊。它使我们在知识技能动手实践方面得到了全面的提升。

- 07 -
刘哲琼

专业：水利水电　学号：2017301580309

获奖经历：
● 第十二届"高教杯"成图大赛
　——水利类尺规三等奖；

参赛感言：
　　感谢老师们一直以来的辛苦栽培，邓辉学长一直以来对我的教导与帮助，能让我在不到半年的时间内从一个成图"小白"成长为一个国赛选手。我会在未来的学业之路上继续努力，不忘初心。

- 08 -
李文彬

专业：水利水电　学号：2017301580189

获奖经历：
● 第十二届"高教杯"成图大赛
　——水利类尺规二等奖；

参赛感言：
　　我认为成图带给我的不仅是竞赛所带来的荣誉、奖励等，更是一种技术。在未来的学习、工作中它都会有用武之地。我很庆幸能参与这样一场比赛，感谢所以给过帮助的老师、学长。

- 09 -
袁钲皓

专业：水利水电　学号：2018302060015

获奖经历：
● 第十二届"高教杯"成图大赛
　——水利类建模三等奖；

参赛感言：
　　有幸能够参加2018年的成图培训以及成图大赛，学到绘图、建模上的专业知识。授课的老师们都非常认真、辛苦，更不容易的还有詹老师，全程都在我们身边默默地督促我们，马不停蹄地穿梭在四个专业的教室中，为詹老师点赞！

- 10 -
杨朝锐

专业：水利水电　学号：2017301580326

获奖经历：
● 第十二届"高教杯"成图大赛
　——水利类尺规二等奖；
● 第十二届"高教杯"成图大赛
　——水利类建模三等奖；

参赛感言：
　　集训一个多月，老师辛勤付出，队员相互讨论，都是竞赛道路上的宝贵财富。培养的技能、训练的速度，为后期课程设计、学科竞赛建模等打下了坚实基础，可谓获益匪浅。

2020年第十三届"高教杯"全国大学生成图创新大赛——水利水电学院团队

- 01 -
李爽
(队长)

专业：水文专业　　学号：2018302060224

获奖经历：
- 第十三届"高教杯"全国成图大赛
——水利类团体二等奖；
- 第十三届"高教杯"全国成图大赛
——水利类尺规一等奖；
- 2020年武汉大学成图设计创新大赛
——校级一等奖；

参赛感言：
作为两次参赛的老生，每一次都有很多收获。今年作为队长的经历尤令我感慨。2020年是极其特殊的一年，疫情使得比赛时间一拖再拖，并且是全新的赛制，这考验着每一个队员。这样共同奋斗的经历值得我们一生去珍藏。

团队领队：詹平
指导教师：邓辉　路由　靳萍　詹平
教学督导：詹平
团队成员：李爽　鲍佳福　谈晓雨　刘玉玲
　　　　　　陈治光　杨夏森　邱嘉琦　田浩霖
　　　　　　刘宏卿　肖欢　张雨萌　王冉
获奖情况：水利类团体奖1项、个人奖11项、
　　　　　　优秀教师奖4项

水利类团体 二等奖 1项：李爽　鲍佳福　谈晓雨
　　　　　　　　　　　刘玉玲　陈治光
水利类建模 一等奖 1项：谈晓雨
水利类建模 二等奖 1项：鲍佳福
水利类建模 三等奖 2项：田浩霖　张雨萌
水利类尺规 一等奖 1项：李爽
水利类尺规 二等奖 5项：陈治光　刘宏卿　邱嘉琦
　　　　　　　　　　　杨夏森　王冉
水利类尺规 三等奖 1项：刘玉玲
优秀指导教师水利类 二等奖 4项：邓辉　路由
　　　　　　　　　　　　　　詹平　靳萍

- 02 -
鲍佳福
(队长)

专业：水文专业　　学号：2018302060134

获奖经历：
- 第十三届"高教杯"全国成图大赛
——水利类团体二等奖；
- 第十三届"高教杯"全国成图大赛
——水利类建模二等奖；
- 2020年武汉大学成图设计创新大赛
——校级一等奖；

参赛感言：
训练是保持手感的最佳选择，虽然这次比赛的赛程很漫长，训练时间也大大增加，但是正是这样的刻苦努力才能为目标的达成添加动力。但是在这过程中的一点一滴都将成为我日后成长之路的宝贵财富。

- 03 -
谈晓雨

专业：水利水电　　学号：2018302060087

获奖经历：
- 第十三届"高教杯"全国成图大赛
——水利类团体二等奖；
- 第十三届"高教杯"全国成图大赛
——水利类建模一等奖；
- 2020年武汉大学成图设计创新大赛
——校级一等奖；

参赛感言：
今年由于疫情，我们在家里完成了大半年训练，并最终在线上参与了比赛。这一年，训练时间拉长，比赛推迟，成图训练几乎贯穿了我的整个大二下学期和暑假。这段宝贵的经历会一直珍藏在我的心中。

- 04 -
陈治光

专业：水利水电　　学号：2018302060282

获奖经历：
- 第十三届"高教杯"全国成图大赛
——水利类团体二等奖；
- 第十三届"高教杯"全国成图大赛
——水利类尺规二等奖；
- 2020年武汉大学成图设计创新大赛
——校级一等奖；

参赛感言：
一切都是天意吧，遇上疫情的一年，好坏也不是绝对的。没有许多事情缠身，可以沉下心来钻研一门功课，发展一个特长。特别感谢范老师妙趣横生的课堂，也难忘靳老师好听的声音，也很欣赏詹老师兼具严肃与和谒可亲，真的很难忘！

- 05 -
刘玉玲

专业：水利水电　　学号：2018302060298

获奖经历：
- 第十三届"高教杯"全国成图大赛
——水利类团体二等奖；
- 第十三届"高教杯"全国成图大赛
——水利类尺规三等奖；
- 2020年武汉大学成图设计创新大赛
——校级一等奖；

参赛感言：
这是我第二次参加成图比赛，去年没能坚持到最后，今年填满了之前的遗憾。疫情中的比赛非常特殊，时间也比较长，在这半年的学习中，我从老师和同学那里学到了很多。希望在今后的比赛中，武大的队伍能够再接再厉，再创辉煌！

2020年第十三届"高教杯"全国大学生成图创新大赛——水利水电学院团队

－01－
杨夏森

专业：水利水电　学号：2018302060343

获奖经历：
● 第十三届"高教杯"全国成图大赛
　　——水利类尺规二等奖；
● 第十三届"高教杯"全国成图大赛
　　——基础知识竞赛三等奖；
● 2020年武汉大学成图设计创新大赛
　　——校级一等奖；

参赛感言：
　　第一次参加成图大赛，作为队员的我在整个过程中受益匪浅，它带来的感动与收获远比结果重要。很荣幸获得这个荣誉，也留下了人生中不可多得的回忆！

团队领队：詹平
指导教师：邓辉　路由　靳萍　詹平
教学督导：詹平
团队成员：李爽　鲍佳福　谈晓雨　刘玉玲
　　　　　陈治光　杨夏森　邱嘉琦　田浩霖
　　　　　刘宏卿　肖欢　张雨萌　王冉
获奖情况：水利类团体奖1项、个人奖11项、
　　　　　优秀教师奖4项

水利类团体 二等奖1项：李爽　鲍佳福　谈晓雨
　　　　　　　　　　　　刘玉玲　陈治光
水利类建模 一等奖1项：谈晓雨
水利类建模 二等奖1项：鲍佳福
水利类建模 三等奖2项：田浩霖　张雨萌
水利类尺规 一等奖1项：李爽
水利类尺规 二等奖5项：陈治光　刘宏卿　邱嘉琦
　　　　　　　　　　　　杨夏森　王冉
水利类尺规 三等奖1项：刘玉玲
优秀指导教师水利类 二等奖4项：邓辉　路由　詹平
　　　　　　　　　　　　　　　　靳萍

第十三届"高教杯"全国大学生先进成图技术与产品信息建模创新大赛
获奖证书

－02－
邱嘉琦

专业：港航专业　学号：2018302060347

获奖经历：
● 第十三届"高教杯"全国成图大赛
　　——水利类尺规二等奖；
● 第十三届"高教杯"全国成图大赛
　　——基础知识竞赛三等奖；
● 2020年武汉大学成图设计创新大赛
　　——校级一等奖；

参赛感言：
　　今年是我第二次参加成图大赛，对我来说是刻骨铭心的一次经历，相信这也是对于水利组来说不平凡的一年。在这漫长又短暂的半年里，感谢有心的老师和可爱的队友们，从他们身上，我学到的不只是制图和建模的知识，更多的是奋斗和友谊。

－03－
田浩霖

专业：水利水电　学号：2019302060067

获奖经历：
● 第十三届"高教杯"全国成图大赛
　　——水利类建模三等奖；
● 第十三届"高教杯"全国成图大赛
　　——基础知识竞赛三等奖；
2020年武汉大学成图设计创新大赛
　　——校级一等奖；

参赛感言：
　　刚开始报名成图的时候是抱着试一试的心理参加的，后来在进一步的学习中我更加了解到本次培训对我今后的巨大帮助，于是便下定了决心。当然也少不了珍贵的回忆与友谊。它必将会成为我人生经历中最宝贵的财富之一。

－04－
刘宏卿

专业：水利水电　学号：2018302060101

获奖经历：
● 第十三届"高教杯"全国成图大赛
　　——水利类尺规二等奖；
● 第十三届"高教杯"全国成图大赛
　　——基础知识竞赛二等奖；
● 2020年武汉大学成图设计创新大赛
　　——校级一等奖；

参赛感言：
　　这一届的比赛很特殊，由于疫情我们足足准备了半年多，线上考试的模式也产生了各种各样的问题，虽然结果不尽如人意，但是这也是令人难忘的经历，认识到自己的不足，希望以后还能不断前进，磨炼技艺。

－05－
王冉

专业：水利水电　学号：2018302060113

获奖经历：
● 第十三届"高教杯"全国成图大赛
　　——水利类尺规二等奖；
● 2020年武汉大学成图设计创新大赛
　　——校级一等奖；

参赛感言：
　　今年是特殊的一年。疫情期间线上的教学，回校后线下的沟通，以及赛制的调整，不管在什么样的环境和条件下，大家都坚持并走完了这个专属于2020年水利人的成图之旅。希望武大成图继续在这个专属领域散发专属于她的魅力。

－06－
张雨萌

专业：水利水电　学号：2018302060297

获奖经历：
● 第十三届"高教杯"全国成图大赛
　　——水利类建模三等奖；
● 2020年武汉大学成图设计创新大赛
　　——校级一等奖；

参赛感言：
　　很高兴能够作为成图水利组的一员参加比赛，在这次训练中我收获了很多。尽管在过程中遇到了很多困难，也时常会怀疑自己的能力。但一切结束后，回看过去，我的能力和水平在一次次的训练中提升了不少。

－07－
肖欢

专业：水利水电　学号：2018302060210

获奖经历：
● 2020年武汉大学成图设计创新大赛
　　——校级一等奖；

参赛感言：
　　成图大赛培训的整个过程我受益颇多，非常感谢敬业的老师们和乐于助人的同学们对我在成图训练中的帮助。通过这次成图大赛训练，我不仅掌握了很多技能；更学会了自觉自律。感谢训练老师和参训同学们。

2009年第二届"高教杯"全国大学生成图创新大赛——动力机械学院团队

- 01 -
毕干
(队长)

专业：机械设计　　学号：200631390016

获奖经历：
- 第二届"高教杯"全国成图大赛
　　——机械类团体一等奖、全能二等奖；
- 第二届"高教杯"全国成图大赛
　　——机械类全能二等奖；
- 2009年武汉大学图形技术大赛一等奖；

团队领队：詹 平
指导教师：李亚萍　刘永　靳萍
教学督导：尚 涛
团队成员：毕干　雷佳科　梁龙双　蔡业豹　贺礼

获奖情况：团体奖1项 个人奖10项

机械类团体 一等奖 1项：毕干 雷佳科 梁龙双 蔡业豹 贺礼

机械类全能 一等奖 1项：贺礼

机械类全能 二等奖 4项：梁龙双 毕干 雷佳科 蔡业豹

机械类建模 一等奖 4项：梁龙双 贺礼 蔡业豹 毕干

机械类绘图 一等奖 1项：雷佳科

- 02 -
雷佳科

专业：机械设计　学号：200631390016

获奖经历：
- 第二届"高教杯"全国成图大赛
　——机械类团体一等奖、全能二等奖；
- 第二届"高教杯"全国成图大赛
　——机械类绘图一等奖；
- 2009年武汉大学图形技术大赛一等奖；

- 03 -
蔡业豹

专业：机械设计　学号：2008301390118

获奖经历：
- 第二届"高教杯"全国成图大赛
　——机械类团体一等奖、全能二等奖；
- 第二届"高教杯"全国成图大赛
　——机械类建模一等奖；

- 04 -
梁龙双

专业：机械设计　学号：2008301360056

获奖经历：
- 第二届"高教杯"全国成图大赛
　——机械类团体一等奖、全能二等奖；
- 第二届"高教杯"全国成图大赛
　——机械类建模一等奖；

- 05 -
贺礼

专业：机械设计　学号：2008301390107

获奖经历：
- 第二届"高教杯"全国成图大赛
　——机械类团体一等奖、全能一等奖；
- 第二届"高教杯"全国成图大赛
　——机械类建模一等奖；

赛事寻影

2010年第三届"高教杯"全国大学生成图创新大赛——动力机械学院团队

- 01 -
杨宗波
（队长）

专业：能源动力　学号：2008302650067

获奖经历：

第三届"高教杯"全国成图大赛
——机械类尺规二等奖；
2010年武汉大学图形技术大赛
——校级一等奖；

团队领队：石端伟　詹 平

指导教师：刘 永　穆勤远　李亚萍

教学督导：尚 涛

团队成员：曹安全　邓成亮　范国栋　胡 健
李曦轮　杨宗波　张 宇

获奖情况：个人奖4项

机械类全能 二等奖1项：李羲轮
机械类建模 二等奖1项：张宇
机械类尺规 二等奖2项：杨宗波 胡健

- 02 -
张 宇

专业：机械设计　学号：2008301390109

获奖经历：

第三届"高教杯"全国成图大赛
——机械类建模二等奖；
2010年武汉大学图形技术大赛
——校级一等奖；

- 03 -
邓成亮

专业：机械设计　学号：2008301390112

获奖经历：

2010年武汉大学图形技术大赛
——校级一等奖；

- 04 -
范国栋

专业：能源动力　学号：2008302650040

获奖经历：

2010年武汉大学图形技术大赛
——校级一等奖；

- 05 -
胡 健

专业：机械设计　学号：2008301390119

获奖经历：

第三届"高教杯"全国成图大赛
——机械尺规二等奖；
2010年武汉大学图形技术大赛
——校级一等奖；

- 06 -
李羲轮

专业：机械设计　学号：2009301390124

获奖经历：

第三届"高教杯"全国成图大赛
——机械类全能二等奖；
2010年武汉大学图形技术大赛
——校级一等奖；

赛事寻影

- 07 -
曹安全

专业：机械设计　学号：2009301390152

获奖经历：

2010年武汉大学图形技术大赛
——校级二等奖；

2011年第四届"高教杯"全国大学生成图创新大赛——动力机械学院团队

- 01 -
赵本成
（队长）

专业：能源动力　学号：2008302650060

获奖经历：
- 第四届"高教杯"全国成图大赛
——机械类建模二等奖；
- 2011年武汉大学图形技术大赛
——校级一等奖；

参赛感言：
团队的胜利就是我最大的胜利！

团队领队：石端伟　詹　平
指导教师：李亚萍　穆勤远　刘　永
教学督导：尚　涛

团队成员：郭磊　李慧敏　赵本成
阙子开　杨春慧　李玲　宋然

获奖情况：个人奖8项

机械类全能 二等奖 1项：杨春慧
机械类建模 二等奖 1项：赵本成
机械类尺规 一等奖 2项：郭磊　杨春慧
机械类尺规 二等奖 4项：李玲　李慧敏　宋然　阙子开

- 02 -
李慧敏

专业：机械设计　学号：2009301470101

获奖经历：
- 第四届"高教杯"全国成图大赛
——机械类建模二等奖；
- 2011年武汉大学图形技术大赛
——校级二等奖；

参赛感言：
不管别人放没放弃，你都要坚持。

- 03 -
郭磊

专业：机械设计　学号：2010301390051

获奖经历：
- 第四届"高教杯"全国成图大赛
——机械类尺规一等奖；
- 2011年武汉大学图形技术大赛
——校级一等奖；

参赛感言：
不想拿全能奖的选手不是好选手，不想拿团体奖的团队不是好团队。

- 04 -
阙子开

专业：机械设计　学号：2009301390020

获奖经历：
- 第四届"高教杯"全国成图大赛
——机械类尺规二等奖；
- 2011年武汉大学图形技术大赛
——校级一等奖；

参赛感言：
机会只留给有准备的人，庸人永远无法光顾。

- 05 -
杨春慧

专业：机械设计　学号：2009301390141

获奖经历：
- 第四届"高教杯"全国成图大赛
——机械类全能二等奖；
- 第四届"高教杯"全国成图大赛
——机械类尺规一等奖；
- 2011年武汉大学图形技术大赛一等奖；

参赛感言：
道理简单，做到很难。

- 06 -
李玲

专业：能源动力　学号：2009302650020

获奖经历：
- 第四届"高教杯"全国成图大赛
——机械类尺规二等奖；
- 2011年武汉大学图形技术大赛
——校级二等奖；

参赛感言：
有这样一群人，为同一个目标而一起努力，那么什么困难都不是困难。

- 07 -
宋然

专业：机械设计　学号：2010301390005

获奖经历：
- 第四届"高教杯"全国成图大赛
——机械类尺规二等奖；
- 2011年武汉大学图形技术大赛
——校级一等奖；

参赛感言：
把最简单的事情坚持做好，奇迹就会发生。

赛事寻影

2012年第五届"高教杯"全国大学生成图创新大赛——动力机械学院团队

- 01 -
杨小芳
(队长)

团队领队：詹 平
指导教师：李亚萍　穆勤远　詹 平
教学督导：尚 涛
团队成员：吴灌伦　杨小芳　查慧婷　叶晓滨
　　　　　　齐雪涛　郝 雪　陈寒来　徐颖蕾　朱宇航
获奖情况：机械类团体奖1项、个人奖项10项

机械类团体二等奖1项：吴灌伦　叶晓滨　查慧婷
　　　　　　　　　　陈寒来　郝 雪
机械类全能一等奖2项：杨小芳　叶晓滨　郝 雪
机械类全能二等奖3项：齐雪涛　徐颖蕾　陈寒来
机械类尺规一等奖3项：齐雪涛　查慧婷　陈寒来
机械类尺规二等奖2项：吴灌伦　朱宇航

专业：材料类　　　学号：2010301360056

获奖经历：
- 第五届"高教杯"全国成图大赛
　——个人全能一等奖；
- 2012年武汉大学成图大赛
　——校级三等奖；

参赛感言：

是金子就会发光，想发光你就要做金子。

- 02 -
吴灌伦

专业：机械设计制造及其自动化　学号：2009301390125

获奖经历：
- 第五届"高教杯"全国成图大赛
　——机械类团体二等奖、机械类尺规二等奖；
- 2012年武汉大学成图大赛
　——校级一等奖；

参赛感言：

　　回顾比赛前的培训，早已忘记武汉的暑假有多热，参加比赛前是正确的选择，结果不重要，重要的是获得这样的经历、知识和朋友，与老师、队友共同努力和进步。

- 03 -
叶晓滨

专业：机械设计制造及其自动化　学号：2009301390126

获奖经历：
- 第五届"高教杯"全国成图大赛
　——机械类团体二等奖、个人全能一等奖；
- 2012年武汉大学成图大赛
　——校级一等奖；

参赛感言：

　　感谢老师，感谢队友，成绩和荣誉来源于大家的付出和陪伴。这段经历将会是我大学里最难忘的经历，也将会是激励我不断奋力向前的不竭动力！

- 04 -
郝 雪

专业：机械设计制造及其自动化　学号：2010301360004

获奖经历：
- 第五届"高教杯"全国成图大赛
　——机械类团体二等奖、个人全能一等奖；
- 2012年武汉大学成图大赛
　——校级一等奖；

参赛感言：

　　非常开心的培训，非常可爱的队友，非常有意义的一个暑假！

- 05 -
徐颖蕾

专业：机械设计制造及其自动化　学号：2011301390048

获奖经历：
- 第五届"高教杯"全国成图大赛
　——个人全能二等奖；
- 2012年武汉大学成图大赛
　——校级二等奖；

参赛感言：

　　培训虽然很辛苦，但是我一个多月里所收获的远远超出我的想象。

- 06 -
查慧婷

专业：机械设计制造及其自动化　学号：2009301390118

获奖经历：
- 第五届"高教杯"全国成图大赛
　——机械类团体二等奖、机械类尺规一等奖、
- 2012年武汉大学成图大赛
　——校级一等奖；

参赛感言：

　　一个多月的集训让我看到了一个不一样的自己，让我知道我可以做得更好！集训中有汗水，有艰辛，但更多的是我们的欢笑及成长，这个比赛值得为之付出！

- 07 -
齐雪涛

专业：能源与动力工程　　　学号：2009302650078

获奖经历：
- 第五届"高教杯"全国成图大赛
　——机械类尺规一等奖；
- 第五届"高教杯"全国成图大赛
　——个人全能二等奖；

参赛感言：

　　我喜欢努力的感觉，努力一个暑假才觉得大学没白过。

- 08 -
陈寒来

专业：能源与动力工程　　　学号：2010302650009

获奖经历：
- 第五届"高教杯"全国成图大赛
　——机械类团体二等奖、
　机械类尺规一等奖、个人全能二等奖；
- 2012年武汉大学成图大赛　——校级一等奖；

参赛感言：

　　回想起来没有苦，只有那个暑假大家一起画图、一起聊天、一起打球，相互鼓励、并肩作战的快乐。

- 09 -
朱宇航

专业：机械设计制造及其自动化　学号：2010301390055

获奖经历：
- 第五届"高教杯"全国成图大赛
　——机械类尺规二等奖；
- 2012年武汉大学成图大赛
　——校级二等奖；

参赛感言：

　　这是一段难忘而珍贵的经历，必将为我今后的人生留下浓墨重彩的一笔！

2013年第六届"高教杯"全国大学生成图创新大赛——动力机械学院团队

- 01 -
丁加涛
（队长）

专业：机械设计制造及其自动化　学号：2010301390107

获奖经历：

● 第六届"高教杯"全国成图大赛
　　——机械类尺规二等奖；
● 2013年武汉大学成图大赛
　　——校级一等奖

参赛感言：

　　一份经历，一次磨炼，一分收获，一次成长。感谢老师的辛勤付出，感谢队友的无私帮助。在这里，我不但学到了知识与方法，而且收获了友谊；不仅感受到了竞争的残酷，还体会到合作的愉快；不只是认识了一场比赛，更是养成了一种做事的习惯。

团队领队：詹 平
指导教师：李亚萍　詹 平　穆勤远　刘天桢　丁 倩
教学督导：尚 涛
团队成员：童 敏　赵燕弟　赖梓扬　李丰羽　牛宇涵
　　　　　解五一　赵东阳　丁加涛　鲁姗
获奖情况：机械类团体奖1项　个人奖项10项

机械类团体二等奖1项：童 敏　赵燕弟　赖梓扬
　　　　　　　　　　　李丰羽　牛宇涵
机械类全能一等奖1项：牛宇涵
机械类全能二等奖3项：赖梓扬　童 敏　解五一
机械类尺规一等奖1项：童 敏
机械类尺规二等奖5项：赵东阳　丁加涛　李丰羽、
　　　　　　　　　　　赵燕弟　鲁姗

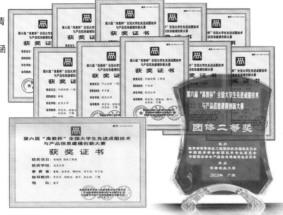

- 02 -
赵燕弟

专业：机械设计制造及其自动化　学号：2011301390114

获奖经历：

● 第六届"高教杯"全国成图大赛
　　——机械类团体二等奖、机械类尺规二等奖；
● 2013年武汉大学成图大赛
　　——校级一等奖；

参赛感言：

　　比赛不仅锻炼手工读图、画图、建模能力，也能充分锻炼创新思维，更是对意志、心态的巨大考验，跨过了这道坎，一切都会变得顺利。正是因为不够强大，所以才需要不断寻找一些东西，这何尝不是一种喜悦？

- 03 -
赖梓扬

专业：机械设计制造及其自动化　学号：2011301390047

获奖经历：

● 第六届"高教杯"全国成图大赛
　　——机械类团体二等奖、个人全能二等奖；
● 2014年武汉大学成图大赛
　　——校级一等奖；

参赛感言：

　　能作为团队选手参加高教杯，我感到很幸运。培训期间大家一起并肩努力不仅使自己绘制工程图的能力提高了不少，最重要的是认识了八个快乐的小伙伴儿。

- 04 -
李丰羽

专业：能源动力工程　　　学号：2012302650012

获奖经历：

● 第六届"高教杯"全国成图大赛
　　——机械类团体二等奖、机械类尺规二等奖；
● 2013年武汉大学成图大赛
　　——校级一等奖；

参赛感言：

　　因为热爱画图我选择了培训道路上的坚持，因为热爱画图又选择了更高一层的精益求精。但当我在画图技术上得到锻炼后，我发现我收获的远超出这些，这是我大一最美好的时光，也是我最难忘的记忆。

- 05 -
牛宇涵

专业：机械设计制造及其自动化　学号：2011301390082

获奖经历：

● 第六届"高教杯"全国成图大赛
　　——机械类团体二等奖、个人全能一等奖；
● 2013年武汉大学成图大赛
　　——校级一等奖；

参赛感言：

　　收获了一样技能和好多样友谊。

- 06 -
童 敏

专业：机械设计制造及其自动化　学号：2011301390039

获奖经历：

● 第六届"高教杯"全国成图大赛
　　——机械类团体二等奖、机械类尺规一等奖、个人全能二等奖；
● 2013年武汉大学成图大赛　——校级一等奖；

参赛感言：

　　本次参赛对于专业知识的学习和巩固有着非常显著的作用，这些东西会让我终生受益。同时，并肩战斗的一个多月让我和同学收获了坚实的友谊，这是一次充实、痛苦又快乐的参赛经历！

- 07 -
赵东阳

专业：机械设计制造及其自动化　学号：2010301390025

获奖经历：

● 第六届"高教杯"全国成图大赛
　　——机械类尺规二等奖；
● 2013年武汉大学成图大赛　——校级一等奖；

参赛感言：

　　每参加一次这样的比赛，我都会收获很多：技能、友谊、欣慰、遗憾……每一张图，不求画得最好最快，但求用心在画；每一天，不求一切顺利，但求有所思考，有所进步；参加比赛，不求载誉而归，但求不辱使命。

- 08 -
解五一

专业：机械设计制造及其自动化　学号：2012301390065

获奖经历：

● 第六届"高教杯"全国成图大赛
　　——个人全能二等奖；
● 2013年武汉大学成图大赛　——校级一等奖；

参赛感言：

　　感谢指导老师们给我机会参加培训，对我指导和鼓励与肯定！我还要感谢我的小伙伴们，陪我度过了一个难忘的暑假！这次比赛让我收获了珍贵的友谊，也让我更加自信，更加努力！

- 09 -
鲁 姗

专业：电子测控　　　　学号：2012301430031

获奖经历：

● 第六届"高教杯"全国成图大赛
　　——机械类尺规二等奖；
● 2013年武汉大学成图大赛　——校级一等奖；

参赛感言：

　　在工学部一个多月，我结识了一群志同道合的师友，不仅改掉了以前马虎大意的毛病，而且养成了自律精神和自学习惯。老师们体贴入微，给我们打造没有后顾之忧的学习环境。这次收获了知识、荣誉，更有友谊和自信！

2014年第七届"高教杯"全国大学生成图创新大赛——动力机械学院团队

- 01 -
燕彬文
（队长）

专业：机械设计制造及其自动化　学号：2013301390063

获奖经历：
- 第七届"高教杯"全国成图大赛
　　　　——机械类尺规二等奖；
- 2013-2014武汉大学成图大赛
　　　　——校级一等奖；

参赛感言：
　　结果已经成为过去，相比于此，过程更值得我们去珍藏，这一个月来画过的图纸，上过的课，也必然成为我记忆之中不可磨灭的一部分。朋友的陪伴，老师的教导，必然会伴我走过四年，甚至更多。这一个月的培训虽然很艰辛，但是从中学到了很多有用的东西，

团队领队： 詹　平
指导教师： 刘丽萍　穆勤远　杨建思　刘　华
教学督导： 詹　平　彭正洪
团队成员： 杨　雪　贾春妮　郭生辉　姜学涛
　　　　　　　刘宇瑶
获奖情况： 机械类团体奖1项　个人奖项11项

机械类团体二等奖1项：杨　雪　贾春妮　郭生辉
　　　　　　　　　　　姜学涛　刘宇瑶
机械类全能一等奖1项：郭生辉
机械类全能二等奖2项：杨　雪　刘宇瑶
机械类尺规一等奖3项：杨　雪　刘宇瑶　姜学涛
机械类尺规二等奖3项：贾春妮　李　滢　李继祥
机械类建模二等奖2项：燕彬文　李杰杰

- 02 -
杨　雪

专业：土木工程　　　　学号：2012301360028

获奖经历：
- 第七届"高教杯"全国成图大赛
　　　　——机械类尺规一等奖；
- 第七届"高教杯"全国成图大赛
　　　　——个人全能二等奖；

参赛感言：
　　我收获的不仅是最后的结果，更多的是在培训过程中的成长与感动。没有尝试就不会有成功；没有拼搏就不会有感动！时间让我们学到的不只是技能，更多的是一起奋斗欢笑思索努力时的默契。我相信在今后日子里，我会不断发展提高自己，走向进步的明天。

- 03 -
贾春妮

专业：材料　　　　　　学号：2013301360024

获奖经历：
- 第七届"高教杯"全国成图大赛
　　　　——机械类团体二等奖；
- 第七届"高教杯"全国成图大赛
　　　　——机械类尺规二等奖；

参赛感言：
　　首先感谢指导老师对参赛队员的热情指导，在老师谆谆教导下参赛小组成员的制图水平都有了很大的提升。备战的过程虽然有时候很累，但是看到老师殷切期盼的眼神，看到自己取得的进步，那点疲惫又算得了什么呢？

- 04 -
郭生辉

专业：能源动力工程　　学号：2015301390008

获奖经历：
- 第七届"高教杯"全国成图大赛
　　　　——机械类团体二等奖；
- 第七届"高教杯"全国成图大赛
　　　　——个人全能一等奖；

参赛感言：
　　从初赛、前期培训、复赛到暑期培训再到最后的决赛，感谢三位指导老师的悉心教导和付出，也很感激各位伙伴们一起相互鼓励和帮助走到了最后，尤其是暑假能够每天坚持聚在一起讨论提高，每个人都努力拼搏，十分难忘。

- 05 -
姜学涛

专业：机械设计制造及其自动化　学号：2012301390111

获奖经历：
- 第七届"高教杯"全国成图大赛
　　　　——机械类团体二等奖；
- 第七届"高教杯"全国成图大赛
　　　　——机械类尺规一等奖；

参赛感言：
　　带着一丝幸运我通过了校内选拔赛的决赛，拿到了参加国赛的名额，但开始我曾多次想要放弃，因为自己缺乏空间想象的能力，工图课以及前期培训的习题令我难以应付，两个月的努力，可以说熟能生巧，在国赛中拿到了个人赛全国一等奖、团体二等奖的好成绩。

- 06 -
李　滢

专业：机械设计制造及其自动化　学号：2012301390105

获奖经历：
- 2013—2014年武汉大学成图大赛
　　　　——校级一等奖；
- 第七届"高教杯"全国成图大赛
　　　　——机械类尺规二等奖；

参赛感言：
　　通过参加培训，我们系统地学习了ProE软件应用、机械零件和专配图的绘制及机械工程图学的规范制度等知识。这次比赛是对我们自身能力的一次锻炼和提高，除了学习到成图的专业理论知识和专业技能操作，还学到了更多的如何与人沟通和交流的经验。

- 07 -
刘宇瑶

专业：机械设计制造及其自动化　学号：2013301390046

获奖经历：
- 第七届"高教杯"全国成图大赛
　　　　——个人全能二等奖；
- 第七届"高教杯"全国成图大赛
　　　　——机械类尺规一等奖；

参赛感言：
　　本次大赛的前期培训占用了不少课余时间，让我的学校生活变得更加充实。其间，我提前掌握了身为机械专业学生所必备的技能——计算机绘图和尺规手绘。两位老师的认真辅导和学长学姐们的帮助和鼓励是我能够取得本次奖项的重要原因。

- 08 -
李杰杰

专业：机械设计制造及其自动化　学号：2012301390051

获奖经历：
- 2013—2014年武汉大学成图大赛
　　　　——校级一等奖；
- 第七届"高教杯"成图大赛
　　　　——机械类建模二等奖；

参赛感言：
　　暑假的一个多月整个团队待在一起辛勤耕耘着，所有队员和老师一起努力，为了团队、为了学校辛苦付出着，让人感到前所未有的凝聚力，但我们更应看中过程，学习的过程永无止境，收获了一种学习方法，使我终身受益。

- 09 -
李继祥

专业：机械设计制造及其自动化　学号：2013301390013

获奖经历：
- 2013—2014年武汉大学成图大赛
　　　　——校级一等奖；
- 第七届"高教杯"成图大赛
　　　　——机械类尺规二等奖；

参赛感言：
　　虽然开始我没有深厚的功底，但是经过老师细心的教学和我的不断努力，我终于能够走上全国成图大赛的舞台。在最后的培训中，我收获了很多，学到的东西可能在其他地方是无法学到的，这是一个值得享受的比赛。

2015年第八届"高教杯"全国大学生成图创新大赛——动力机械学院团队

- 01 -
王杰琼
（队长）

专业：机械设计　　学号：2013301390083

获奖经历：
- 第九届"高教杯"成图大赛
　　——机械类团体二等奖；
- 第九届"高教杯"成图大赛
　　——建模二等奖、尺规绘图二等奖；

参赛感言：
　　一分付出，一分收获。我觉得之所以能取得现在的成绩离不开自己的付出，当然更离不开队友和老师们的付出。我很庆幸我的队友是团结的，我的老师是辛勤的，自己也是用心的，所以，我成功了！

团队领队：詹平
指导教师：刘丽萍　穆勤远　詹平　焦洪赞
教学督导：詹平　彭正洪
团队成员：王杰琼　王建　杨帆　梁铭
　　　　　　李婧　赵文祺　邹黛晶　李为薇
　　　　　　王常幸
获奖情况：机械类团体奖1项　个人奖13项

建筑类团体二等奖1项：王建　杨帆　梁铭
　　　　　　李婧　赵文祺
建筑类全能二等奖1项：李婧
建筑类尺规一等奖2项：李为薇　李婧
建筑类尺规二等奖6项：王建　梁铭　王杰琼　杨帆
　　　　　　赵文祺　邹黛晶
建筑类建模二等奖4项：王杰琼　王建　杨帆　赵文祺

- 02-
王建

专业：电气工程　　学号：2013302540236

获奖经历：
- 第八届"高教杯"成图大赛
　　——机械类尺规绘图二等奖；
- 第八届"高教杯"成图大赛
　　——建筑类建模二等奖；

参赛感言：
　　感谢老师的教导与同学的帮助，我在竞赛培训过程中收获良多，更结识了良师益友，受益终身。
　　我可以为身在这样一支优良的队伍而自豪。

- 03-
杨帆

专业：能源动力　　学号：2014302650099

获奖经历：
- 第八届"高教杯"成图大赛
　　——机械类团体二等奖；
- 第八届"高教杯"成图大赛
　　——建模二等奖、尺规绘图二等奖；

参赛感言：
　　结果不是最重要的，在过程中收获的知识和情谊才是真正能够永远对我们有所帮助的。最想感谢的还是无私奉献的老师，没有他们的悉心教导，我也不可能认识这么多的朋友，也不可能有机会提高自己。

- 04 -
梁铭

专业：能源动力　　学号：2014302650006

获奖经历：
- 第八届"高教杯"成图大赛
　　——机械类团体二等奖；
- 第八届"高教杯"成图大赛
　　——尺规绘图二等奖；

参赛感言：
　　首先非常感谢老师对我们的辛勤指导和与我一起奋斗的小伙伴们。获奖，在我看来是对自己努力学习的一种肯定，也是回报老师和父母的一种方式。没有辛勤的汗水，哪有此时的成功？

- 05 -
李婧

专业：机械设计　　学号：2013301390042

获奖经历：
- 第八届"高教杯"成图大赛
　　——机械类团体二等奖、全能二等奖；
- 第八届"高教杯"成图大赛
　　——尺规绘图一等奖；

参赛感言：
　　通过这次比赛，我把画图从兴趣变成了习惯，从中收获了成绩，更收获了友谊，非常感谢各位老师和同学们，大家一起共同努力才是最美好的事情。

- 06 -
赵文祺

专业：机械设计　　学号：2014301390024

获奖经历：
- 第八届"高教杯"成图大赛
　　——机械类团体二等奖；
- 第八届"高教杯"成图大赛
　　——建模二等奖、尺规绘图二等奖；

参赛感言：
　　非常感谢学校的支持，老师的辛勤付出和一起奋斗的小伙伴们。没有付出就没有收获，选择了就义无反顾地走下去，感谢大家一直以来的坚持，谢谢大家。

- 07 -
邹黛晶

专业：能源动力　　学号：2014302650152

获奖经历：
- 第八届"高教杯"成图大赛
　　——机械类尺规绘图二等奖；
- 2015年武汉大学成图比赛一等奖；

参赛感言：
　　感谢老师的教导与同学的帮助，也谢谢父母的支持。我在竞赛培训过程中收获良多，更结识了良师益友，受益终身。在培训中，技巧的提升也是与自主学习和同学间相互讨论共同进步是分不开的。

- 08 -
李为薇

专业：机械设计　　学号：2012301390066

获奖经历：
- 第八届"高教杯"成图大赛
　　——机械类尺规绘图一等奖；
- 2015年武汉大学成图比赛一等奖；

参赛感言：
　　感谢老师的谆谆教导，使我受益匪浅。在竞赛培训过程中，我对机械的了解更加深刻，收获良多。
　　和同学的相处也非常愉快，制图大赛让我结识了更多朋友。

- 09 -
王常幸

专业：机械设计　　学号：2013301390016

获奖经历：
- 2015年武汉大学成图比赛一等奖；
- 第八届全国大学生节能减排三等奖；

参赛感言：
　　两年的成图培训使我对机械工程制图有了更加深刻的理解。成图培训给我最大的收获就是认识了很多同学，他们对我日后学习和生活产生了很大的影响。还有感谢詹老师在培训、比赛过程中对我们的关心、照顾。

2016年第九届"高教杯"全国大学生成图创新大赛——动力机械学院团队

- 01 -
孙文涛
（队长）

团队领队：詹 平
指导教师：刘丽萍 穆勤远 詹 平 焦洪赞
教学督导：詹 平 彭正洪
团队成员：孙文涛 李小龙 何闻亭 李雪龙
　　　　　陈 炜 汪婷伊 葛镥榕 王子慧
　　　　　黄佳卉
获奖情况：机械类团体奖1项 个人奖项13项

专业：机械设计制造及其自动化 学号：2015301390006

获奖经历：

- 第九届"高教杯"全国成图大赛
　——机械类团体二等奖;
- 第九届"高教杯"全国成图大赛
　——机械类建模二等奖;

参赛感言：

第一次参加这样的比赛，能够获奖我很开心。然而，我深知自己没有竞竞业业，尽全力去拼搏，所以不免有些遗憾。"悟以往之不谏，知来者之可追"，我所做的不是惋惜过去，而是收拾好行囊，向着更高更远的地方出发！

机械类团体二等奖1项：孙文涛 李小龙 何闻亭
　　　　　　　　　　　李雪龙 陈 炜
机械类全能二等奖2项：李雪龙 陈 炜
机械类尺规一等奖4项：何闻亭 李雪龙 陈 炜
机械类建模一等奖1项：李小龙
机械类尺规二等奖2项：葛镥榕 王子慧
机械类建模二等奖2项：孙文涛 黄佳卉

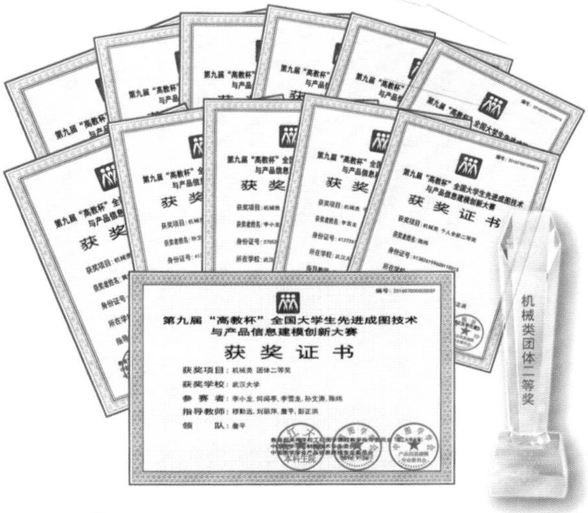

第九届"高教杯"全国大学生先进成图技术
与产品信息建模创新大赛
获奖证书

机械类团体二等奖

- 02 -
李小龙

专业：机械设计制造及其自动化 学号：2015301390044

获奖经历：

- 第九届"高教杯"全国成图大赛
　——机械类团体二等奖;
- 第九届"高教杯"全国成图大赛
　——机械类建模一等奖;

参赛感言：

很荣幸能在本次比赛中取得奖项，很高兴能够在本次比赛中收获友谊、技能和欢乐。此刻心中感慨万千，但最想说的还是感谢，老师无私的教导，同学们热情的帮助，都成为我在学习过程中的动力，我将带着这次学习中收获的感动继续努力，让青春焕发别样的光彩！

- 03 -
何闻亭

专业：机械设计制造及其自动化 学号：2015301390107

获奖经历：

- 第九届"高教杯"全国成图大赛
　——机械类团体二等奖;
- 第九届"高教杯"全国成图大赛
　——机械类尺规一等奖;

参赛感言：

半年的努力，换来的绝对不仅是一张奖状，更是一份相互鼓励的坚持和一种学习与创新的能力。很幸运走过道道关卡，最后走进国赛的考场。在走进那个考场的时候，我觉得自己已经成功了，参加"成图大赛"铸就了一种信念！不负拼搏，不负青春。

- 04 -
李雪龙

专业：机械设计制造及其自动化 学号：2015301390008

获奖经历：

- 第九届"高教杯"全国成图大赛
　——机械类团体二等奖;
- 第九届"高教杯"全国成图大赛
　——个人全能二等奖、机械类尺规一等奖;

参赛感言：

通过参加这次竞赛，自己的制图水平有了一个质的飞跃，对Proe的应用更是实现了从无到有再到现在的略有小成的变化，去山东参加比赛的过程中，在让我收获了友谊，结识了一些朋友，也让我认识到自身存在的不足，虽然留有遗憾，但已尽力，我不后悔。

- 05 -
陈 炜

专业：机械设计制造及其自动化 学号：2014301390044

获奖经历：

- 第九届"高教杯"全国成图大赛
　——机械类团体二等奖;
- 第九届"高教杯"全国成图大赛
　——个人全能二等奖、机械类尺规一等奖;

参赛感言：

首先，成图大赛锻炼手工与三维制图的能力，这与机械专业以后的工作密切相关，无疑为未来的发展打下了坚实的基础；其次，三维制图在机器人大赛、智能车大赛、节能减排大赛等重要比赛中均有重要应用，这段时间以来的经历必将成为我难忘的宝贵回忆。

- 06 -
汪婷伊

专业：机械设计制造及其自动化 学号：2015301470072

获奖经历：

- 2015年武汉大学图形技能大赛
　——校级一等奖;
- 第九届"高教杯"全国成图大赛
　——机械类尺规一等奖;

参赛感言：

参加这次比赛，虽然暑期培训期间从早画到晚，但面对自己的作品，总有种说不出的开心，想到坐在身边一起进步的同伴，也有种说不出的感动，这次的收获，不仅仅是一纸证书，还有作为工科生的乐趣以及珍贵的友情。

- 07 -
葛镥榕

专业：能源动力工程 学号：2015302650060

获奖经历：

- 2015年武汉大学图形技能大赛
　——校级一等奖
- 第九届"高教杯"全国成图大赛
　——机械类尺规二等奖;

参赛感言：

最重要的并不是比赛结果，而是准备比赛的过程。我学会了坚持，学会了合作，学会了用开拓的思维去思考问题，很庆幸我能够拥有这样一个锻炼自己的机会，能够和一群优秀的人一起度过一段难忘的时光。

- 08 -
王子慧

专业：机械设计制造及其自动化 学号：2015301470075

获奖经历：

- 2015年武汉大学图形技能大赛
　——校级一等奖
- 第九届"高教杯"成图大赛
　——机械类尺规二等奖;

参赛感言：

很幸运在大一就能够有机会参加这个比赛。从初赛到选拔赛再到最后的国赛，每一次培训都是对自己的一种挑战，每一张图、每一个模型都经过深思熟虑才得以完成，最终收获满满的成就感。比结果更重要的是经历，感谢经历，让我有所成长。

- 09 -
黄佳卉

专业：机械设计制造及其自动化 学号：2013302650053

获奖经历：

- 2015年武汉大学图形技能大赛
　——校级一等奖
- 第九届"高教杯"成图大赛
　——机械类建模二等奖

参赛感言：

在参加成图大赛的过程中，我学到了工程制图的实用技能，培养了团队意识和竞争意识，这些对今后的工作学习都有巨大的帮助，十分感谢各位老师对我的悉心栽培。

2017年第十届"高教杯"全国大学生成图创新大赛——动力机械学院团队

-01-
顾家馨
(队长)

专业：机械设计制造及其自动化　学号：2015302560066

获奖经历：

- 第十届"高教杯"全国成图大赛
  ——机械类团体二等奖;
- 第十届"高教杯"全国成图大赛
  ——机械类尺规二等奖;

参赛感言：

很荣幸能参加第十届成图大赛。这是一次迟到了一年的机会。我作为这一届机械组的组长，能与这样一些热情激昂的队友一起参赛真的是非常开心。但是我更要感谢刘老师，穆老师，詹老师的教导，他们辛辛苦苦付出了很多。成图大赛对我们之后的发展都有很大帮助。

团队领队：詹 平
指导教师：刘丽萍　穆勤远　彭正洪　詹 平
教学督导：彭正洪
团队成员：顾家馨　钱胤佐　李号元　邱灿程
　　　　　张 锐　叶浩田　张 晶　史 航
　　　　　杜 航
获奖情况：机械类团体奖2项　个人奖项11项

机械类团体二等奖2项：顾家馨　钱胤佐　李号元
　　　　　　　　　　　邱灿程　张 锐
机械类全能二等奖4项：李号元　钱胤佐　邱灿程
　　　　　　　　　　　叶浩田
机械类尺规一等奖3项：李号元　叶浩田　张 晶
机械类尺规二等奖3项：顾家馨　史 航　杜 航
机械类建模一等奖1项：钱胤佐

-02-
钱胤佐

专业：机械设计制造及其自动化　学号：2016301390040

获奖经历：

- 第十届"高教杯"全国成图大赛
  ——机械类团体二等奖;
- 第十届"高教杯"全国成图大赛
  ——机械类建模一等奖;

参赛感言：

我非常高兴能够参加成图大赛，在培训期间结识了好友，获得了技能。这次获得了成图的奖项，我也十分感谢帮助我们的詹老师，刘老师和穆老师，在他们的指导下我们才能获得这样长足的进步，才能收获这份奖项。

-03-
李号元

专业：能源与动力工程　　学号：2016302650099

获奖经历：

- 第十届"高教杯"全国成图大赛
  ——机械类团体二等奖;
- 第十届"高教杯"全国成图大赛
  ——个人全能二等奖;

参赛感言：

首先，我感到非常荣幸能够代表学校参加本次比赛，非常高兴能有这样的学习交流的机会和平台。其次，对于关注大赛和参与大赛的同学们，希望你们在学习准备过程中，利用自己课余时间，多想多练。不断发现问题，才能够有所收获。

-04-
邱灿程

专业：机械设计制造及其自动化　学号：2015301390060

获奖经历：

- 第十届"高教杯"全国成图大赛
  ——机械类团体二等奖;
- 第十届"高教杯"全国成图大赛
  ——个人全能一等奖;

参赛感言：

没有经历过，就无法明白。这次比赛的结果虽然不尽如人意，但是不后悔，至少我努力过，成长了，感谢这次比赛给了我检验能力、证明自我、了解不足、提高素养的机会，也感谢陪伴我们的老师，还有一起并肩战斗的同学们，我们一起加油！

-05-
张 锐

专业：机械设计制造及其自动化　学号：2014301390012

获奖经历：

- 第十届"高教杯"全国成图大赛
  ——机械类团体二等奖;
- 2017年武汉大学成图创新大赛
  ——校级一等奖;

参赛感言：

为期一个学期的工图培训让我获益匪浅，作为机械专业的学生通过这一系列的培训提升了自己机械设计相关的能力，掌握了一些课外的技巧和软件使用方法，感谢一直以来老师和同学们的帮助和关心，希望我校今后的工图竞赛能够越走越远。

-06-
叶浩田

专业：机械设计制造及其自动化　学号：2016301390072

获奖经历：

- 第十届"高教杯"全国成图大赛
  ——个人全能二等奖;
- 第十届"高教杯"全国成图大赛
  ——尺规一等奖;

参赛感言：

我非常荣幸能参加第十届全国大学生成图大赛，这样的机会对我来说非常难得。这里的同学们学习热情很高，谢谢他们几个月的陪伴。我更要感谢老师们的教导，没有他们的辛勤付出，不会有我们机械队的进步。感谢有这么一次经历让我成长了许多。

-07-
张 晶

专业：机械设计制造及其自动化　学号：2016301390184

获奖经历：

- 第十届"高教杯"全国成图大赛
  ——尺规一等奖;
- 2017年武汉大学成图设计创新大赛
  ——校级一等奖;

参赛感言：

成图大赛的培训，不仅提高了我的知识水平，还让我掌握了计算机建模的能力，这在我后来的学习中比别人领先了一大步。老师耐心的辅导和亲切关怀让我觉得在我身后还有一群默默支持我的人。成图大赛培训和比赛过程中，我收获了友谊和荣誉。

-08-
史 航

专业：机械设计制造及其自动化　学号：2015301390069

获奖经历：

- 第十届"高教杯"全国成图大赛
  ——尺规二等奖;
- 2017年武汉大学成图设计创新大赛
  ——校级一等奖;

参赛感言：

非常感谢老师们的悉心教导与陪伴，感谢队友们的共同努力，在这个夏季我们不仅收获了满意的成绩，更收获了珍贵的友谊！参加成图技术大赛不仅收获了奖项，同时在培训的过程中获得了深厚的师生情、友情。我会努力积极地走下去。

-09-
杜 航

专业：机械设计制造及其自动化　学号：2014301390013

获奖经历：

- 第十届"高教杯"全国成图大赛
  ——尺规二等奖;
- 2017年武汉大学成图设计创新大赛
  ——校级一等奖;

参赛感言：

在这一个多月的备战培训中，我很幸运自己能够结识一帮思维严谨、乐观积极的朋友，还有勤勤恳恳、体贴入微的各位指导老师，希望今后无论在什么情况下，自己都能够把握好这个度。最后，学无止境，保持刻苦努力的致学精神，万不可怠惰放纵。

2018年第十一届"高教杯"全国大学生成图创新大赛——动力机械学院团队

- 01 -
张 晶
（队长）

专业：机械设计　学号：2016301390184

获奖经历：
- 第十一届"高教杯"成图大赛
——机械类团体一等奖；
- 第十一届"高教杯"成图大赛
——机械类尺规二等奖、建模二等奖；

参赛感言：
　　老师的耐心辅导，带队老师的亲切关怀让我觉得我不是一个人在奋斗，在我身后还有一群默默支持我的人。总之，成图大赛培训和比赛的经历，让我认识了不同的人，也让我拥有了宝贵的学习经历。

团队领队：詹平
指导教师：詹平　穆勤远　刘丽萍　程青
教学督导：詹平
团队成员：张晶　孙强胜　陈子薇　常靖昀
　　　　　王磊　倪传政　蔡实现　彭诗玮
　　　　　何玼炫

获奖情况：水利类团体奖1项　个人奖13项

机械类团体一等奖1项：张晶　孙强胜　陈子薇
　　　　　　　　　　　　常靖昀　王磊
机械类尺规一等奖3项：张晶　王磊　孙强胜
机械类尺规三等奖3项：何玼炫　陈子薇　常靖昀
机械类建模二等奖3项：王磊　常靖昀　张晶
机械类建模三等奖4项：孙强胜　彭诗玮　陈子薇
　　　　　　　　　　　　蔡实现

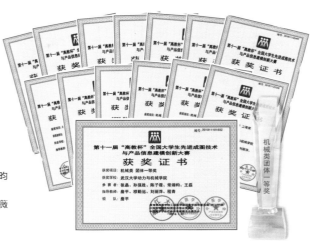

- 02 -
孙强胜

专业：核工厂　学号：2016302650127

获奖经历：
- 第十一届"高教杯"成图大赛
——机械类团体一等奖；
- 第十一届"高教杯"成图大赛
——机械类尺规一等奖；

参赛感言：
　　这一次经历丰富了我的人生之旅，在这个过程中，和素不平生的人一起培训，大家相互帮助，共同奋斗。这个比赛让大学生活更加丰富，让我们在奋斗中燃烧青春活力，在不懈努力中放飞梦想。

- 03 -
陈子薇

专业：电气工程　学号：2017302650138

获奖经历：
- 第十一届"高教杯"成图大赛
——机械类团体一等奖；
- 第十一届"高教杯"成图大赛
——机械类尺规三等奖；

参赛感言：
　　除了电脑上留下的几个软件，还有保存的一两个G的图片，一张张画过的图纸，终于会了许多人不会的技能，能骄傲地说，给我足够的数据，我就能在电脑上画出复杂的三维图形，我就能在最短时间内在一张图纸里将它表达清楚。

- 04 -
常靖昀

专业：机械设计　学号：2016301390005

获奖经历：
- 第十一届"高教杯"成图大赛
——机械类团体一等奖；
- 第十一届"高教杯"成图大赛
——机械类建模二等奖；

参赛感言：
　　在这中间我学会了三维制图软件的运用，也结识了几位一起努力的同学和老师。在培训的过程中，尽管有些辛苦，起早贪黑地画图，但在最后看到我们为武大拿到了第一个机械团体一等奖后，觉得所有努力都值了。

- 05 -
王 磊

专业：机械设计　学号：2017301390119

获奖经历：
- 第十一届"高教杯"成图大赛
——机械类团体一等奖；
- 第十一届"高教杯"成图大赛
——机械类尺规一等奖；

参赛感言：
　　感谢各位老师和我的好队友们，不论是周末、暑假抽空给我们上课，还是一同在休息日学习奋斗，感谢你们给予我难忘的美好回忆，也衷心希望你们回忆起这次经历时，能在内心说"能参加真是太好了"！

- 06 -
倪传政

专业：机械设计　学号：2015301390165

获奖经历：
- 2018年武汉大学成图大赛一等奖；

参赛感言：
　　对于一个工科生，通过这个比赛后，对视图的摆放和表达有了更深刻的理解，也掌握了更多复杂零件的表达。最后感谢三位老师的指导和帮助，这次比赛的过程老师们认真负责为我们解决了很多问题。

- 07 -
蔡实现

专业：核工程　学号：2016302650057

获奖经历：
- 第十一届"高教杯"成图大赛
——机械类建模三等奖；
- 2018年武汉大学成图比赛一等奖；

参赛感言：
　　比赛总是能体现自己的实力，只有自己足够强大，才能做到运筹帷幄之中，需要提高自身实力。不论是谁，实力都是最重要的。

- 08 -
彭诗玮

专业：机械设计　学号：2015301390175

获奖经历：
- 第十一届"高教杯"成图大赛
——机械类建模三等奖；
- 2018年武汉大学成图比赛一等奖；

参赛感言：
　　经过四个多月的培训，二维手工和三维建模，无论是在画图速度上，还是规范性上都得到了巨大的提升，同时在与参赛同学的交流和讨论中，学习到了很多实用的技巧，让我受益良多。

- 09 -
何玼炫

专业：机械设计　学号：2017301390091

获奖经历：
- 第十一届"高教杯"成图大赛
——机械类尺规三等奖；
- 2018年武汉大学成图比赛一等奖；

参赛感言：
　　在准备比赛的过程中克服了很多困难，积累了很多建模的经验，以至于让我觉得以后能力不会再限制想象力了。而且二维工程图的绘制让我对于机械设计有了更深层次的了解。总的来说收获很大。

2019年第十二届"高教杯"全国大学生成图创新大赛——动力机械学院团队

— 01 —
刘洋
（队长）

专业：能源动力　　学号：2016302650079
获奖经历：
●第十二届"高教杯"成图大赛
　　——建筑类尺规三等奖；

参赛感言：
这是我第二次参加成图竞赛，参加这个比赛后，我的收获可以归纳为"一分耕耘一分收获"。虽然最后没有获得很好的奖项，但我深知是由于别人比我更加努力，所以别人比我的收获更大。在今后的日子里，我一定会朝着自己的目标更加努力奋斗。

团队领队：詹平
指导教师：詹平　穆勤远　刘丽萍　程青
教学督导：詹平
团队成员：张肃羽　陈福星　刘洋　刘登辉
　　　　　　赵舞　钱伟　肖博
获奖情况：机械类个人奖7项

机械类尺规二等奖1项：张肃羽
机械类尺规三等奖3项：陈福星　刘洋　刘登辉
机械类建模二等奖2项：赵舞　钱伟
机械类建模三等奖1项：肖博

— 02 —
钱伟

专业：机械设计　　学号：2016301390068
获奖经历：
●第十二届"高教杯"成图大赛
　　——机械类建模二等奖

参赛感言：
从开始准备到参加比赛的这段时间里，我收获了很多，从一开始参加培训前，一个半小时连一幅图的初稿都画不完，到最后一个半小时内能画完全图。虽然这次我们的整体成绩不尽如人意，但是在培训期间的一个月很好地锻炼了我的毅力，这将是比比赛结果更有意义的收获。

— 03 —
肖博

专业：机械设计　　学号：2017301390068
获奖经历：
●第十二届"高教杯"成图大赛
　　——机械类建模三等奖

参赛感言：
我认为，对于参加比赛，成绩只是所得的一部分，而过程中的磨炼更加重要，这才是让我们成长的经历。这次参加先进成图大赛，结果不是很理想，但是这次经历让我成长了很多。
这次比赛让我明白，需要付出足够的时间，用正确的方法，才能走得更远。

— 04 —
张肃羽

专业：机械设计　　学号：2018302080207
获奖经历：
●第十二届"高教杯"成图大赛
　　——机械类尺规二等奖

参赛感言：
在成图大赛的准备过程中，我不仅学到了图学知识，也认识了很多优秀的学长学姐。虽然我大一参加成图大赛有一些困难，但是同时也体验到了大学生活丰富多彩的一面，尤其是随队出征宁波更是一段难忘的经历。

— 05 —
赵舞

专业：机械设计　　学号：2017301390065
获奖经历：
●第十二届"高教杯"成图大赛
　　——机械类建模二等奖

参赛感言：
参加高教杯成图创新大赛，让我成长了很多。我的制图能力有了很大提高，这也为我之后的专业学习打下了坚实的基础。经过初赛复赛，从培训初期基础较难，到最终获得国家二等奖，我完成了自我的突破。在这个过程中，我不仅学到了知识和技能，也结交了八位非常优秀的伙伴。

— 06 —
陈福星

专业：机械设计　　学号：2017301390056
获奖经历：
●第十二届"高教杯"成图大赛
　　——机械类尺规三等奖

参赛感言：
大学是个学习的地方，参加这次比赛也是一次长达半年的学习。虽然没有取得最好的成绩，但学到了大量的知识，也认识了一些非常可爱的人，这是一次学习与交流的过程。
比赛是充满竞争且残酷的，只有拥有强大实力的人才能赢得比赛，而实力是靠自己去提高的。

— 07 —
刘登辉

专业：机械设计　　学号：2016301390030
获奖经历：
●第十二届"高教杯"成图大赛
　　——机械类尺规三等奖

参赛感言：
参加这个成图比赛感想良多。确实最后取得的成绩和付出的努力是成正比的，平时的辛勤努力在最后的比赛中就会得到体现，赛场上是胸有成竹还是惊慌失措是由平时的熟练度决定的。结识了一群有意思的人，和大家一起在不断训练中进步是一件幸福的事情。

— 08 —
彭心茹

专业：能源动力　　学号：2018302080338
获奖经历：
●2019年武汉大学成图大赛一等奖

参赛感言：
大一在机缘巧合之下有幸参与了成图大赛，迷迷糊糊地就在铺天盖地的练习与集训中坚持了下来。技能的收获是必不可少的，但却远不是最重要的，还认识了一群特别有趣的学长学姐们，大家围在一起和老师讨论题目的场景终究会成为长远的记忆。承蒙老师与大家的照顾，何其有幸。

— 09 —
罗建刚

专业：机械设计　　学号：2017301390066
获奖经历：
●2019年武汉大学成图大赛一等奖

参赛感言：
这次的比赛是我第一次参加全国赛，说不紧张当然是假的，最后失败的结果让我认识到自己在细节上面真的不够好，犯了巨大的失误，辜负了自己和老师的努力，但是一味地后悔也没用，我能做的只能是吸取经验教训，在前进的路上能做得更好。

2020年第十三届"高教杯"全国大学生成图创新大赛——动力机械学院团队

- 01 -
彭心茹
（队长）

专业：核工程与核技术 学号：2018302080338

团队领队：詹 平
指导教师：刘丽萍 詹平 陈炜 邓辉
教学督导：詹 平
团队成员：张垚东 路忱宇 李伊彤 彭心茹
卓上茗
获奖情况：机械类团体奖1项 个人奖项9项
优秀指导教师奖4项

机械类团体一等奖1项：张垚东 路忱宇 李伊彤
彭心茹 卓上茗
机械类尺规一等奖2项：路忱宇 李伊彤
机械类尺规二等奖1项：陈鼎业
机械类建模一等奖2项：张垚东 彭心茹
机械类建模二等奖3项：卓上茗 雷伟民 陈俊昊
机械类建模三等奖1项：范琼予

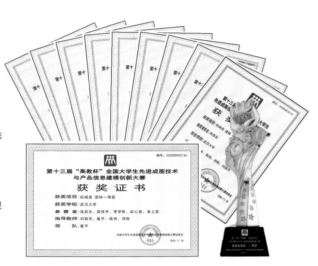

获奖经历：
- 第十三届"高教杯"全国成图大赛
——机械类团体一等奖;
- 第十三届"高教杯"全国成图大赛
——机械类建模一等奖;
- 第十三届"高教杯"全国成图大赛
——机械类图学基础知识二等奖;
- 2020年 武汉大学成图设计创新大赛
——校级一等奖;

参赛感言：

一直很喜欢工图这门课程，所以对成图大赛情有独钟。老师和同学们也十分信任我，把队长这个职务交给我。在备战过程中与队友们一起经历了很多有意义的瞬间，感情也因为共同目标的促进愈来愈深。十分感谢老师们和学长们的付出，和队友们一起在四教和五教练习和比赛的记忆大概永远都会熠熠生辉吧。

- 02 -
路忱宇

专业：能源与动力工程（热动）学号：2019302080213

获奖经历：
- 第十三届"高教杯"全国成图大赛
——机械类团体一等奖;
- 第十三届"高教杯"全国成图大赛
——机械类尺规一等奖;
- 第十三届"高教杯"全国成图大赛
——机械类图学基础知识一等奖;
- 2020年 武汉大学成图设计创新大赛
——校级一等奖;

参赛感言：

比起最后的结果，或许更让人印象深刻的是过程。由于新冠疫情的暴发，练习的过程也变得非常漫长和辛苦，在家练习和授课都显得不方便。在充实自我的同时也收获了友情，让这一次不寻常的经历充满了温度。

- 03 -
李伊彤

专业：机械设计制造及其自动化 学号：2018302080225

获奖经历：
- 第十三届"高教杯"全国成图大赛
——机械类团体一等奖;
- 第十三届"高教杯"全国成图大赛
——机械类尺规一等奖;
- 第十三届"高教杯"全国成图大赛
——机械类图学基础知识一等奖;
- 2020年 武汉大学成图设计创新大赛
——校级一等奖;

参赛感言：

大一学习机械工程图学课程时我就产生了浓厚的兴趣，后来在老师的建议下我报名参加成图大赛。训练和比赛的日子紧张、忙碌却又充实而快乐，我由衷感谢悉心教学的老师们，他们辛苦付出，给予了我莫大的帮助、指导和鼓励；感谢曾一起并肩作战的同学们，我们因比赛结缘，收获了深厚的友谊，这会是我大学四年里一段难忘的美好记忆。

- 04 -
张垚东

专业：机械设计制造及其自动化 学号：2018302080378

获奖经历：
- 第十三届"高教杯"全国成图大赛
——机械类团体一等奖;
- 第十三届"高教杯"全国成图大赛
——机械类建模一等奖;
- 2020年 武汉大学成图设计创新大赛
——校级一等奖;

参赛感言：

参加成图大赛是一次难忘的经历，在长达半年的训练中，我们和老师一起纠错，一起进步，一起熬夜赶图，一起嘻嘻哈哈。我也有想过放弃，但是大家的鼓励让我重拾信心。最后获奖的时候，我觉得我们这么长时间的付出都是值得的，我们收获荣誉、知识和友谊，这些都会是我一生中难忘的记忆。

- 05 -
卓上茗

专业：产品设计 学号：2019302095015

获奖经历：
- 第十三届"高教杯"全国成图大赛
——机械类团体一等奖;
- 第十三届"高教杯"全国成图大赛
——机械类建模二等奖;
- 第十三届"高教杯"全国成图大赛
——机械类图学基础知识一等奖;
- 2020年 武汉大学成图设计创新大赛
——校级一等奖;

参赛感言：

迷迷糊糊摸底考试完才知道其他同学都是动力机械学院的，设计班之前学的工图相对比较浅，想要赶上大家的进度，每周要花一二十个小时在这上面，挺累也挺想放弃的，但是动机院的小伙伴们一点一点教我、鼓励我，老师也超级好，最终咬牙坚持下来了。还收获了一群超级超级好的小伙伴，实在是太值啦。

2020年第十三届"高教杯"全国大学生成图创新大赛——动力机械学院团队

- 01 -
张垚东
（队长）

专业：机械设计制造及其自动化　学号：2018302080378

获奖经历：
- 第十三届"高教杯"全国成图大赛
——机械类团体一等奖；
- 第十三届"高教杯"全国成图大赛
——机械类建模一等奖；
- 2020年武汉大学成图设计创新大赛
——校级一等奖；

参赛感言：
参加成图大赛是一次难忘的经历，在长达半年的训练中，我们和老师一起纠错，一起进步，一起熬夜肝图，一起嘻嘻哈哈。我也有想过放弃，但是大家的鼓励让我重拾信心。这些都会是我一生中难忘的记忆。

团队领队： 詹　平
指导教师： 刘丽萍　詹　平　陈炜　邓辉
教学督导： 詹　平
团队成员： 张垚东　路忱宇　李伊彤　彭心茹
卓上茗
获奖情况： 机械类团体奖1项　个人奖项9项
优秀指导教师奖4项

机械类团体一等奖1项：张垚东　路忱宇　李伊彤
彭心茹　卓上茗
机械类尺规一等奖2项：路忱宇　李伊彤
机械类尺规二等奖1项：陈鼎业
机械类建模一等奖2项：张垚东　彭心茹
机械类建模二等奖3项：卓上茗　雷伟民　陈俊昊
机械类建模三等奖1项：范琼予

- 02 -
周小琳

专业：机械设计制造及其自动化 学号：2019302080126

获奖经历：
- 第十三届"高教杯"全国成图大赛
——机械类图学基础知识一等奖；
- 2020年武汉大学成图设计创新大赛
——校级一等奖；

参赛感言：
"初闻不知'赛'中意，再闻已是'赛'中人"，与成图大赛结缘于大一下学期的网课时期，那时的我还对工业类软件一窍不通，后来进行了长达半年的培训，虽然这次因为一些意外没有取得好成绩，但我是不会放弃的，明年见。

- 03 -
雷伟民

专业：能源与动力工程　学号：2019302080211

获奖经历：
- 第十三届"高教杯"全国成图大赛
——机械类建模二等奖；
- 第十三届"高教杯"全国成图大赛
——机械类图学基础知识二等奖；
- 2020年武汉大学成图设计创新大赛
——校级一等奖；

参赛感言：
这届比赛的准备时间很长，直到十一月份才进行正式比赛，更长的训练时间就意味着更加容易懈怠。有时候画图画到后半夜，会怀疑自己能不能坚持到最后，好在最后坚持了下来。

- 04 -
陈俊昊

专业：热能动力工程　学号：2019302080215

获奖经历：
- 第十三届"高教杯"全国成图大赛
——机械类建模二等奖；
- 第十三届"高教杯"全国成图大赛
——机械类图学基础知识三等奖；
- 2020年武汉大学成图设计创新大赛
——校级一等奖；

参赛感言：
这次的比赛虽然受疫情影响推迟了几个月，但是大家依然铆足了劲去拼，经过几个月的培训和练习，我的制图和建模水平得到了提升，相信对于以后的学习和工作都会有帮助，也磨炼了意志，这将是我一生中美好难忘的经历。

- 05 -
陈鼎业

专业：机械设计制造及其自动化 学号：2019302080041

获奖经历：
- 第十三届"高教杯"全国成图大赛
——机械类尺规二等奖；
- 2020年武汉大学成图设计创新大赛
——校级一等奖；

参赛感言：
这是一届很特殊的高教杯，无论是题目形式还是比赛形式。从年初到11月份，几乎经历了一整年的时间，返校之后由于学业变得繁忙起来，对于竞赛的准备反而变少了，经过最后赛前的突击，最终拿到了全国二等奖，虽然与一等奖失之交臂，但这是我成长道路上一段美好的回忆。

- 06 -
范琼予

专业：产品设计　学号：2019302095025

获奖经历：
- 第十三届"高教杯"全国成图大赛
——机械类建模三等奖；
- 第十三届"高教杯"全国成图大赛
——机械类图学基础知识三等奖；
- 2020年武汉大学成图设计创新大赛
——校级一等奖；

参赛感言：
从2020年的3月到11月，从初赛到国赛，成图大赛的备赛过程充满艰辛和曲折，更是满载感动与收获。参与成图大赛让我收获的不仅是扎实的专业知识、缜密理性的思维，还有和队友们结下的友谊。

- 07 -
陈子妍

专业：产品设计　学号：2019302095034

获奖经历：
- 2020年武汉大学成图设计创新大赛
——校级一等奖；

参赛感言：
参加本次比赛使我收获很多，这个比赛花了参赛同学和老师们很多的心血，大家都非常努力地为比赛做准备，这对我们而言是一次宝贵的经历。

第五章 "高教杯"全国大学生成图创新大赛

2009年第二届"高教杯"全国大赛武汉大学代表队
赛事全程实况

2009年9月18—20日,武汉大学举办第二届"高教杯"全国大学生先进图形技能与创新大赛,该赛事由教育部高等学校工程图学教学指导委员会和中国工程图学学会制图技术专业委员会联合举办,教育部高教司司长刘桔亲临比赛现场。

大赛总顾问：谭建荣(中国工程院院士、教育部高等学校工程图学教学指导委员会主任、中国工程图学学会副理事长)

大赛主任委员：邵立康(教育部高等学校工程图学教学指导委员会委员、中国工程图学学会常务理事、制图技术专业委员会主任) 陆国栋(教育部高等学校工程图学教学指导委员会秘书长) 李文鑫(武汉大学副校长、中华人民共和国教育部学科发展与专业设置委员会副主任)

大赛副主任委员：黄本笑 施岳定 尚涛 鲁聪达 李明 杨道富 樊宁 密新武 彭正洪 詹平等

秘书长：陶冶

教育部高教司副司长
刘桔

中国工程院院士
教育部图学教指委主任
谭建荣

大赛主任委员、图学教指委委员
制图技术专业委员会主任
邵立康

教育部图学教指委秘书长
陆国栋

武汉大学副校长、教育部学科
发展与专业设置委员会副主任
李雯

从2008年到2013年,分别在郑州轻工学院、武汉大学、重庆大学、哈尔滨工程大学、东华大学、广州农业大学成功举办了六届"高教杯"全国大学生先进成图技术与产品信息建模创新大赛,影响广泛,被中国图学界盛赞是图学研究、教育与实践上的改革与创新、图学教育理论与实践大赛的奥运会。大赛得到了教育部领导的积极肯定并希望把该赛事办成全国高校的精品赛事。

2010年第三届"高教杯"全国大赛武汉大学代表队
赛事全程实况

2010年9月24—26日，由教育部高等学校工程图学教学指导委员会和中国工程图学学会制图技术专业委员会联合举办的第三届"高教杯"全国大学生先进图形技能与创新大赛在重庆大学举行。

大赛颁奖大会会场

武大代表队合影

武大代表队比赛现场

2011年第四届"高教杯"全国大赛武汉大学代表队
赛事全程实况

2011年8月10日，万众瞩目的第四届"高教杯"全国大学生先进成图技术与产品信息建模创新大赛在哈尔滨工程大学圆满成功举办。

大赛颁奖大会会场

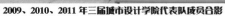
2009、2010、2011年三届城市设计学院代表队成员合影

2012年第五届"高教杯"全国大赛武汉大学代表队
赛事全程实况

2012年8月15—17日,第五届"高教杯"全国大学生先进成图技术与产品信息建模创新大赛在东华大学举行。本次竞赛共有来自华中科技大学、武汉大学、哈尔滨工业大学、合肥工业大学等129所高校的169支团队,总计1228名学生,400余名专家、领队参加或观摩,创办赛以来参赛学校数量新高。竞赛分为机械类、建筑类、道桥类和水利类共四个类别,机械类有近900名学生参赛。竞赛内容包括尺规绘图与产品信息建模及工程图绘制两部分。

教育部高等学校工程图学教学指导委员会主任谭建荣院士、上海市教委高教处处长田蔚风、东华大学副校长邱高、中国图学学会制图技术专业委员会主任邵立康、教育部高等学校工程图学教学指导委员会副主任委员焦永和、中国图学会制图技术专业委员会秘书长陶冶等嘉宾和领导出席了开幕式。

城市设计学院代表队 **动力与机械学院代表队** **水利水电学院代表队** **土木建筑工程学院代表队**

2013年第六届"高教杯"全国大赛武汉大学代表队赛事全程实况

2013年8月16—17日，第六届"高教杯"全国大学生先进成图技术与产品信息建模创新大赛在美丽的广州华南农业大学举行。

大赛汇集了武汉大学、上海交通大学、哈尔滨工业大学、重庆大学、华南理工大学、西北工业大学、国防科技大学等126所高校，170个参赛团队，参赛学生1214人，参赛教师638人。8月16日上午大赛开始，随后是二维图形、三维建模和尺规绘图竞赛，8月17日大赛结束。

第六届高教杯大学生图学创新大赛组委会主任邵立康讲话

城市设计学院代表队

动力与机械学院代表队

水利水电学院代表队

土木建筑工程学院代表队

2014年第七届"高教杯"全国大赛武汉大学代表队
赛事全程实况

第七届"高教杯"全国大学生先进成图技术与产品信息建模创新大赛（简称"高教杯"成图创新大赛）于2014年8月5日在宜昌三峡大学举行。

大赛汇集了武汉大学、上海交通大学、哈尔滨工业大学、华中科技大学、重庆大学、华南理工大学、西北工业大学、国防科技大学等164所高校，201个参赛团队，参赛学生1506人，参赛教师659人。

武汉大学代表团队由城市设计学院、土木工程学院、动力机械学院、水利水电学院组成5支参赛团队，参赛团队选手与个人共计43人。在第七届"高教杯"成图创新大赛中，武汉大学代表队共获得建筑类团体一等奖1项、水利类团体一等奖1项、建筑类团体二等奖1项、机械类团体二等奖1项、水利类团体二等奖1项，各类个人奖项51项。在众多参赛学校中独占鳌头，骄人的竞赛成绩充分证明了武汉大学成图技术教学团队的培训成效，彰显了武大学子"自强弘毅、求是拓新"的校训精神。

▋高教杯赛场

▋城市设计学院代表队　　▋水利水电学院代表队　　▋动力与机械学院代表队　　▋土木建筑工程学院代表队

▋现场及训练成果

2015年第八届"高教杯"全国大赛武汉大学代表队
赛事全程实况

2015年7月21—22日，第八届"高教杯"全国大学生先进成图技术与产品信息建模创新大赛在美丽的昆明理工大学举行。

大赛汇集了武汉大学、北京理工大学、哈尔滨工业大学、重庆大学、华南理工大学、西北工业大学、国防科技大学等168所高校，216个参赛团队，参赛学生1820人，参赛教师875人。7月21日上午大赛开始，随后是二维图形、三维建模和尺规绘图竞赛，7月22日大赛结束。

第八届"高教杯"武汉大学代表队集体合影

城市设计学院代表队

动力与机械学院代表队

水利水电学院代表队

土木建筑工程学院代表队

2016年第九届"高教杯"全国大赛武汉大学代表队赛事全程实况

2016年7月26日第九届"高教杯"全国大学生先进成图技术与产品信息建模创新大赛在山东理工大学圆满落幕。来自全国306所高校的372支队伍、3706名师生参与了本届比赛，创办赛以来参赛学校数量新高。双一流、985、211高校及高职高专、技师学院，各个层次的学校、学生都能在大赛中展现自己的水平，大赛规模的又创历史新高。

全国大学生先进成图技术与产品信息建模创新大赛，是国内高等理工科院校公认的现有规模较大、水平较高、参会人数较多的工科大学生课外科技学术竞赛之一。此次大赛由教育部高等学校工程图学课程教学指导委员会、中国图学学会制图技术专业委员会、中国图学学会产品信息建模专业委员会主办，山东理工大学承办。此次大赛不仅为学生明确专业学习方向，促进知识、能力、创新意识发展提供了锻炼机会，也为全国高校图学教育提供了一个学习、交流、融合、创新的平台。

城市设计学院代表队

土木建筑工程学院代表队

水利水电学院代表队

动力与机械学院代表队

2017年第十届"高教杯"全国大赛武汉大学代表队
赛事全程实况

2017年7月20—22日,第十届"高教杯"全国大学生成图先进技术与产品信息建模创新大赛在兰州交通大学举行。本次大赛吸引了来自全国的283所高校、445支代表队、1000多名教师和近三千名同学参赛。其中,985高校17所,211学校33所。武汉大学共派出建筑、土木、机械、水利四支代表队参加了比赛。

2017年3月至8月期间,武汉大学代表队在城市设计学院成图教学团队的带领下,完成了武汉大学成图大赛及成图培训为期半年的实训环节。"宝剑锋从磨砺出,梅花香自苦寒来。"在武汉大学成图团队全体师生共同努力下,武汉大学代表队在第十届"高教杯"全国大学生成图创新大赛中再创佳绩,荣获建筑类团体一等奖、水利类团体一等奖、建筑类团队二等奖、机械类团队二等奖及3D打印二等奖,参赛选手个人奖项54项的优异成绩,其中,全能一等奖5项、尺规一等奖11项、建模一等奖4项、全能二等奖20项、建模二等奖5项、尺规二等奖9项。

第十届"高教杯"武汉大学代表队集体合影

第十届"高教杯"比赛现场

城市设计学院代表队

动力与机械学院代表队

土木建筑工程学院代表队

水利水电学院代表队

2018年第十一届"高教杯"全国大赛武汉大学代表队
赛事全程实况

　　2018年7月21日，第11届"高教杯"全国大学生先进成图技术与产品信息建模创新大赛在南京工业大学举行，由南京工业大学承办。本次大赛，参赛学校由最初的51个发展到331个，参赛团队由58个发展到541个，参赛学生由322人发展到3587人，带队教师由118人发展到1936人。双一流、985、211高校及高职高专、技师学院，各个层次的学校、学生都能在大赛中展现自己的水平，大赛规模的又创历史新高。

赛场情况

学院代表队

动力与机械学院代表队

城市设计学院代表队

水利水电学院代表队

土木建筑工程学院代表队

武汉大学团体

赛前准备

2019年第十二届"高教杯"全国大赛武汉大学代表队赛事全程实况

　　2019年7月21日，由教育部高等学校工程图学教学指导委员会、中国图学学会制图技术专业委员会、中国图学学会产品信息建模专业委员会联合主办，浙江大学宁波理工学院承办的第十二届"高教杯"全国大学生先进成图技术与产品信息建模创新大赛在浙江大学宁波理工学院举行。

　　该项赛事2019年1月入选高等教育协会编撰全国普通高校学科竞赛排行榜目录，正式列为国家级大学生学科竞赛项目。此次共有来自420所院校的4585名学生、一千多名指导教师参赛，堪称一次图学界盛大的"奥林匹克"竞赛。

　　在第十二届"全国大学生先进成图技术与产品信息建模创新大赛"中，武汉大学共有建筑类、机械类、土木类和水利类四支参赛队伍37位学生参加此次比赛。在本次竞赛中取得建筑类团体一等奖2项、团体二等奖2项，斩获个人一等奖5项、个人二等奖9项、个人三等奖4项。

2019第十二届主会场照片

2019第十二届"高教杯"武汉大学代表队大合影

2019高教杯4位班长

土木赛前准备

2019城设高教杯团体合照

2019土建高教杯团体合照

城设赛前准备

赛前三维训练

2019水电高教被团体合照

2019机械高教杯团体合照

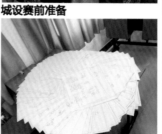

机械手工成果

2019宁波火车站合照

2020年第十三届"高教杯"全国大赛武汉大学代表队赛事全程实况

　　2020年11月13—14日，第十三届"高教杯"全国大学生先进成图技术与产品信息建模创新大赛在线上举行。大赛汇集了武汉大学、北京理工大学、哈尔滨工业大学、重庆大学、华南理工大学、西北工业大学、国防科技大学等上百所高校团队、数千名高校学生参赛。11月13日上午9：00大赛开幕式以直播的方式进行，11月14日上午9：00、下午14：00分别进行机械类与建筑、道桥、水利类竞赛。比赛项目依次为制图知识网络答题、构型设计竞赛（机械）、计算机建模竞赛、尺规绘图竞赛，11月14日大赛结束。

赛前开幕式

第十三届"高教杯"开幕式线上直播　　　　　　　　参赛学生代表宣誓

学院参赛团队

动力与机械学院代表队　　　　城市设计学院代表队

水利水电学院代表队　　　　土木建筑工程学院代表队

选手赛前准备

学院参赛团队

大赛主委会合影

教师监考、赛后阅卷

城市设计学院

水利水电学院

土木建筑工程学院

动力与机械学院

第六章 "高教杯"武汉大学竞赛团队获奖介绍

第二届"高教杯"全国大学生先进图形技能与产品信息建模大赛
2009年武汉大学代表队获奖盛况

- 01 - 城市设计学院获奖情况

- 建筑类团体 一等奖1项：蔡哲理 纪艳 王婉 陆雅君 张开翼
- 建筑类全能 一等奖1项：蔡哲理
- 建筑类全能 二等奖1项：周峥艺
- 建筑类建模 一等奖2项：张开翼 周峥艺
- 建筑类建模 二等奖2项：陆雅君 纪艳
- 建筑类绘图 一等奖1项：蔡哲理
- 建筑类绘图 二等奖1项：王婉
- 建筑类尺规 一等奖2项：翟羽佳 兰梅婷

- 02 - 动力与机械学院获奖情况

- 机械类团体 一等奖1项：毕千 雷佳科 梁龙双 蔡业豹 贺礼
- 机械类全能 一等奖1项：贺礼
- 机械类全能 二等奖4项：梁龙双 毕千 雷佳科 蔡业豹
- 机械类建模 一等奖4项：梁龙双 贺礼 蔡业豹 毕千
- 机械类绘图 一等奖1项：雷佳科

- 03 - 水利水电学院获奖情况

- 水利类团体 二等奖1项：刘移胜 高鑫 王伟 张续 朱飞
- 水利类建模 二等奖1项：朱飞
- 水利类绘图 一等奖1项：王伟
- 水利类绘图 二等奖1项：高鑫
- 水利类尺规 一等奖1项：刘移胜

- 04 - 土木建筑工程学院获奖情况

- 建筑类团体 一等奖1项：张行强 全冠 何楂 黄哲辉 刑旺
- 建筑类全能 一等奖5项：张行强 全冠 何楂 黄哲辉 刑旺
- 建筑类全能 二等奖1项：张文龙
- 建筑类建模 一等奖5项：张文龙 全冠 刑旺 张行强 黄哲辉
- 建筑类建模 二等奖2项：肖龙 齐佳欣
- 建筑类绘图 一等奖2项：何楂 孔晓璇
- 建筑类绘图 二等奖1项：李舒
- 建筑类尺规 二等奖2项：齐桓若 韦翠梅

第三届"高教杯"全国大学生先进图形技能与产品信息建模大赛
2010年武汉大学代表队获奖盛况

- 01 - 城市设计学院获奖情况

- 建筑类团体 一等奖 1 项：叶豪 薄会丽 张开翼 刘电 陈俊羽
- 建筑类全能 一等奖 1 项：叶豪
- 建筑类全能 二等奖 2 项：张开翼 刘电
- 建筑类建模 二等奖 2 项：陈俊羽 包穗怡
- 优秀指导教师建筑类 一等奖 4 项：路由 孙宇宁 詹平 李海燕

- 02 - 动力与机械学院获奖情况

- 机械类全能 二等奖 1 项：李羲轮
- 机械类建模 二等奖 1 项：张宇
- 机械类尺规 二等奖 2 项：杨宗波 胡健

- 03 - 水利水电学院获奖情况

- 水利类全能 二等奖 1 项：王伟
- 水利类建模 一等奖 1 项：王伟
- 水利类建模 二等奖 3 项：程雪辰 陈英健 黎俭平

- 04 - 土木建筑工程学院获奖情况

- 建筑类全能 一等奖 1 项：文浩
- 建筑类全能 二等奖 1 项：齐佳欣
- 建筑类建模 二等奖 2 项：谭寰 毕绪驰
- 建筑类尺规 二等奖 2 项：文颖波 刘盼

第四届"高教杯"全国大学生先进图形技能与产品信息建模大赛 2011年武汉大学代表队获奖盛况

团体获奖情况

- 蝉联三届一等建筑类特别奖：城市设计学院
- 建筑类团体一等奖：邢博涵 李雅兰 蔡立玦 刘溪 夏雨纯
- 优秀指导教师一等奖（建筑类）：路由 孙宇宁 穆勤远 詹平
- 水利类团体二等奖：齐小静 程雪辰 胡榴烟 向阳 王玉丽
- 优秀指导教师二等奖（水利类）：靳萍 詹平 穆勤远 尚涛

-01- 城市设计学院获奖情况

- 建筑类全能一等奖：邢博涵 李雅兰 蔡立玦
- 建筑类尺规一等奖：王皓 刘溪
- 建筑类建模二等奖：邢博涵 李雅兰 蔡立玦
- 建筑类全能二等奖：夏雨纯 刘溪

-02- 动力与机械学院获奖情况

- 机械类尺规一等奖：杨春慧 郭磊
- 机械类全能二等奖：杨春慧
- 机械类建模二等奖：赵本成
- 机械类全能二等奖：李慧敏 宋然 李玲 阙子开

-03- 水利水电学院获奖情况

- 水利类尺规一等奖：程雪辰 齐小静 蔡航
- 水利类全能二等奖：程雪辰
- 水利类尺规二等奖：张靖文 胡榴烟 向阳

-04- 土木建筑工程学院获奖情况

- 建筑类尺规一等奖：郭晓旺 叶李平
- 建筑类尺规二等奖：李晓峰
- 建筑类全能二等奖：郭晓旺 叶李平
- 建筑类建模二等奖：余鹏程 崔泽熙 徐贞珍

第五届"高教杯"全国大学生先进图形技能与产品信息建模大赛
2012年武汉大学代表队获奖盛况

团体获奖情况

- 水利类团体二等奖：齐小静 向阳 杨莹 汤漾 李孟超
- 建筑类团体二等奖：叶李平 刘漾 桑毅彩 李莎 李士平
- 建筑类团体二等奖：张晶晶 杨红 庄初倩 程艳 杨卓
- 机械类团体二等奖：吴灌伦 叶晓滨 查惠婷 陈寒来 郝雪

- 01 - 城市设计学院获奖情况

- 建筑类尺规一等奖：王烨 杨卓
- 建筑类建模二等奖：程艳 杨红 张晶晶 庄初倩
- 建筑类全能二等奖：王烨 杨卓 茹雅婷 孙璐

- 02 - 动力与机械学院获奖情况

- 机械类全能一等奖：杨小芳 叶晓滨 郝雪
- 机械类尺规一等奖：齐雪涛 查惠婷 陈寒来
- 机械类尺规二等奖：吴灌伦 朱宇航
- 机械类全能二等奖：徐颖蕾 齐雪涛 陈寒来

- 03 - 水利水电学院获奖情况

- 水利类尺规一等奖：杨莹 吴天健 向阳
- 水利类建模二等奖：齐小静
- 水利类尺规二等奖：李孟超 文喜雨 宋苏文 杨贝贝
- 水利类全能二等奖：齐小静 杨莹 向阳

- 04 - 土木建筑工程学院获奖情况

- 建筑类尺规一等奖：陈恒 李士平 张奥利
- 建筑类尺规二等奖：桑毅彩 叶李平 刘漾 湛海群
- 建筑类全能二等奖：叶李平 李莎

第六届"高教杯"全国大学生先进图形技能与产品信息建模大赛
2013年武汉大学代表队获奖盛况

团体获奖情况

- 建筑类团体 一等奖 于汉 陈晓婉 洪胜男 谢志行 颜书纬
- 优秀指导教师一等奖（建筑类）孙宇宁 詹平 刘天桢 夏唯 刘永
- 建筑类团体 二等奖 赵未坤 杨昕婧 刘曼 朱淑珩 欧阳亦琛
- 优秀指导教师二等奖（建筑类）路由 夏唯 孙宇宁 詹平 刘永
- 机械类团体 二等奖 童敏 赵燕弟 赖梓扬 李丰羽 牛宇涵
- 优秀指导教师二等奖（机械类）李亚萍 詹平 穆勤远 刘天桢 丁倩

- 01 - 城市设计学院获奖情况

- 建筑类全能二等奖：欧阳亦琛 朱淑珩 杜怡芳 唐鑫磊 何梅
- 建筑类建模二等奖：赵未坤
- 建筑类尺规一等奖：戴文博 杜怡芳 何梅
- 建筑类尺规二等奖：杨昕婧 刘曼

- 02 - 动力与机械学院获奖情况

- 机械类全能一等奖：牛宇涵
- 机械类全能二等奖：赖梓扬 童敏 解五一
- 机械类尺规一等奖：童敏
- 机械类尺规二等奖：赵东阳 丁加涛 李丰羽 赵燕弟 鲁姗

- 03 - 水利水电学院获奖情况

- 水利类全能二等奖：肖文琛 刘和鑫
- 水利类建模二等奖：王頔 付毓 杨欢
- 水利类尺规一等奖：李思璇 刘和鑫
- 水利类尺规二等奖：梅粮飞

- 04 - 土木建筑工程学院获奖情况

- 建筑类全能 一等奖 蒋金麟 颜书纬 洪胜男 陈倩滢 于汉
- 建筑类全能 二等奖 徐晓瑜 范子阳
- 建筑类建模 一等奖 范子阳
- 建筑类建模 二等奖 谢志行

第七届"高教杯"全国大学生先进图形技能与产品信息建模大赛
2014年武汉大学代表队获奖盛况

指导教师获奖情况

团体获奖情况

- 水利类团体一等奖：梅粮飞 奚鹏飞 吴云涛 刘和鑫 王 頔
- 建筑类团体一等奖：戴文博 杜怡芳 李 晶 李 瑞 汤 蓓

- 建筑类团体二等奖：肖诗颖 梁峻海 张珂菁 黄博娅 王 琦
- 机械类团体二等奖：杨 雪 贾春妮 郭生辉 姜学涛 刘宇瑶

-01- 城市设计学院获奖情况

- 建筑类全能一等奖：汤 蓓 李 晶 戴文博
- 建筑类尺规一等奖：陈 颖

- 建筑类建模二等奖：张慧子 李 瑞
- 建筑类尺规二等奖：赵梦妮 史雅楠 彭 涛 杜怡芳

-02- 动力与机械学院获奖情况

- 机械类全能一等奖：郭生辉
- 机械类尺规一等奖：杨 雪 刘宇瑶 姜学涛

- 机械类尺规二等奖：李继详
- 机械类全能二等奖：杨 雪 刘宇瑶

-03- 水利水电学院获奖情况

- 水利类全能一等奖：张振伟 奚鹏飞 吴云涛 田文祥 刘和鑫
- 水利类建模一等奖：王 頔 梅粮飞

- 水利类尺规一等奖：李冠铭
- 水利类全能二等奖：王 頔 梅粮飞

-04- 土木建筑工程学院获奖情况

- 建筑类全能二等奖：张佳琪 梁峻海 黄博雅
- 建筑类尺规二等奖：张珂菁 张佳琪 杨信美 肖诗颖 王 琦 李 晗

- 建筑类建模一等奖：张佳琪 梁峻海 黄博雅
- 建筑类尺规一等奖：梁峻海

第八届"高教杯"全国大学生先进图形技能与产品信息建模大赛
2015年武汉大学代表队获奖盛况

团体获奖情况

- 机械类团体二等奖：王 建 杨 帆 梁 铭 李 靖 赵文祺
- 水利类团体二等奖：张 曼 严利冰 王惠民 刘玉娇 王 栋
- 建筑类团体二等奖：赵梦妮 陈 颖 史雅楠 李俊良 索巧娅

-01- 城市设计学院获奖情况

- 建筑类全能二等奖：赵梦妮
- 建筑类尺规一等奖：史雅楠 赵梦妮
- 建筑类建模二等奖：史雅楠
- 建筑类尺规二等奖：陈颖

-02- 动力与机械学院获奖情况

- 机械类建模二等奖：赵文祺 杨 帆 王洁琼
- 机械类尺规一等奖：杨 雪 刘宇瑶 姜学涛
- 机械类尺规一等奖：李 靖 李为薇
- 机械类尺规二等奖：邹黛晶 赵文祺 杨 帆 王洁琼

-03- 水利水电学院获奖情况

- 水利类全能一等奖：严利冰
- 水利类建模一等奖：王 栋 欧阳特
- 水利类尺规二等奖：岳 强 刘玉娇 林博闻
- 水利类尺规一等奖：董佩瑶 张 曼 王 栋 董珮瑶

-04- 土木建筑工程学院获奖情况

- 建筑类尺规一等奖：谢怡玲
- 建筑类尺规二等奖：蔡康毅 邓 畅 柴杭莹 周婷婷 闫中曦 谢维强
- 建筑类建模二等奖：谢怡玲

第九届"高教杯"全国大学生先进图形技能与产品信息建模大赛
2016年武汉大学代表队获奖盛况

团体获奖情况

- 建筑类团体二等奖：孟子雄 蔡康毅 谢维强 王雪瑶 李震子
- 建筑类团体二等奖：杜 鹏 何星辰 冯雪伟 郝心童 李 颖
- 水利类团体一等奖：林博闻 张誉靓 王秋吟 黄泽浩 覃 玥
- 水利类开放创意赛：林博闻 张誉靓 王秋吟 黄泽浩

- 01 - 城市设计学院获奖情况

- 建筑类尺规一等奖：吴晓嘉 胡 骏
- 建筑类尺规二等奖：李奇家 王慢蕻 张可昕 吴国伟
- 建筑类建模二等奖：孙东洋 马家慧 黄 锦 陈丁武

- 02 - 动力与机械学院获奖情况

- 机械类建模二等奖：孙文涛 黄佳卉
- 机械类全能二等奖：李雪龙 陈 炜
- 机械类尺规一等奖：汪婷伊 李雪龙 何闻亭 陈 炜
- 机械类尺规二等奖：葛镛榕 王子慧

- 03 - 水利水电学院获奖情况

- 水利类全能一等奖：林博闻 黄泽浩
- 水利类全能二等奖：廖 倩 张誉靓 徐 欢 覃 玥
- 水利类尺规一等奖：廖 倩 张誉靓 徐 欢 王秋吟
- 水利类建模二等奖：金文庭

- 04 - 土木建筑工程学院获奖情况

- 建筑类尺规一等奖：周婷婷 李震子 孟子雄 闫中曦
- 建筑类尺规二等奖：杜 昕
- 建筑类建模一等奖：刘 洋 李 颖
- 建筑类全能二等奖：郝小涵 何星辰 蔡康毅 李震子 周婷婷

第十届"高教杯"全国大学生先进图形技能与产品信息建模大赛
2017年武汉大学代表队获奖盛况

团体获奖情况

- ● 建筑类团体一等奖：冯雪伟 陈明如 吴子涵 蕾紫艺 柴术鹏
- ● 水利类团体一等奖：舒 鹏 苗泽锴 张家余 安 妮 熊 谦
- ● 机械类团体二等奖：顾家馨 钱胤佐 李号元 邱灿程 张 锐
- ● 建筑类团体二等赛：陈昶宇 马梦艳 张殿恒 叶 威 李希冉

- 01 - 城市设计学院获奖情况

- ● 建筑类尺规一等奖：马梦艳 李希冉
- ● 建筑类尺规二等奖：李希冉
- ● 建筑类建模一等奖：叶 威
- ● 建筑类全能二等奖：张殿恒 叶 威 马梦艳 陈昶宇

- 02 - 动力与机械学院获奖情况

- ● 机械类建模一等奖：钱胤佐
- ● 机械类全能二等奖：李号元 叶浩田 邱灿程 钱胤佐
- ● 机械类尺规一等奖：张 晶 叶浩田 李号元
- ● 机械类尺规二等奖：史 航 顾家馨 杜 航

- 03 - 水利水电学院获奖情况

- ● 水利类全能一等奖：苗泽锴 安 妮
- ● 水利类全能二等奖：张文宇 张家余 熊 谦
- ● 水利类尺规一等奖：张文宇 张家余 熊 谦 黄一飞

- 04 - 土木建筑工程学院获奖情况

- ● 建筑类尺规一等奖：陈明如 柴术鹏
- ● 建筑类建模一等奖：周安达
- ● 建筑类全能一等奖：吴子涵 冯雪伟 蕾紫艺
- ● 建筑类全能二等奖：周安达 乔江美 景亚蕾 郭 泓 陈明如 柴术鹏

第十一届"高教杯"全国大学生先进图形技能与产品信息建模大赛
2018年武汉大学代表队获奖盛况

团体获奖情况

建筑类团体一等奖：陈昶宇 马梦艳 李希冉 陈婕 陈卓清　　　　水利类团体一等奖：张文宇 安妮 黄一飞 谢笛 陈锴锟
机械类团体一等奖：张晶 孙强胜 陈子薇 常靖昀 王磊　　　　　建筑类团体二等奖：王立鹤 黄鹏飞 黄东明 朱晨东 王叶凌怡

- 01 - 城市设计学院获奖情况

- 建筑类尺规一等奖：陈昶宇 陈婕 陈卓清 卢烨鑫 马梦艳　　　 ● 建筑类尺规二等奖：李希冉
- 建筑类建模一等奖：陈婕　　　　　　　　　　　　　　　　　 ● 建筑类建模二等奖：陈昶宇 马梦艳

- 02 - 动力与机械学院获奖情况

- 机械类尺规一等奖：孙强胜 王磊 张晶　　　　　　　　　　　 ● 机械类尺规三等奖：常靖昀 陈子薇 何玭炫
- 机械类建模二等奖：常靖昀 王磊 张晶　　　　　　　　　　　 ● 机械类建模三等奖：蔡实现 陈子薇 彭诗玮 孙强胜

- 03 - 水利水电学院获奖情况

- 水利类尺规一等奖：安妮 谢笛 张文宇 申佳琪　　　　　　　　● 水利类尺规二等奖：邓辉 汪泾周 陈锴锟 黄一飞
- 水利类建模一等奖：陈锴锟　　　　　　　　　　　　　　　　　● 水利类建模二等奖：安妮 黄一飞 谢笛 罗杰 徐诗恬

- 04 - 土木建筑工程学院获奖情况

- 建筑类尺规一等奖：朱晨东　　　　　　　　　　　　　　　　　● 建筑类尺规二等奖：黄东明 孙心怡 王叶凌怡
- 建筑类尺规三等奖：黄鹏飞 李昌正 王立鹤 吴佳贤　　　　　　● 建筑类建模三等奖：王立鹤 王叶凌怡 吴佳贤

第十二届"高教杯"全国大学生先进图形技能与产品信息建模大赛
2019年武汉大学代表队获奖盛况

团体获奖情况

- 建筑类团体一等奖：陈婕 陈卓清 徐洁颖 张远航 张芷晗
- 建筑类团体二等奖：王叶凌怡 吴佳贤 孙心怡 胡锦浠 吴优
- 水利类团体二等奖：常利伟 徐畅 周鑫 徐梁 汪泾周

-01- 城市设计学院获奖情况

- 建筑类尺规一等奖：陈卓清 高景峰 谢潇 张芷晗
- 建筑类尺规二等奖：陈婕 郭佳奕 李靖宜 徐洁颖 张远航
- 建筑类建模一等奖：张芷晗
- 建筑类建模二等奖：陈卓清 高景峰 李靖宜 谢潇
- 建筑类建模三等奖：陈婕 郭佳奕 徐洁颖 张远航

-02- 动力与机械学院获奖情况

- 机械类尺规二等奖：张肃羽
- 机械类尺规三等奖：陈福星 刘登辉 刘洋
- 机械类建模二等奖：钱伟 赵舞
- 机械类建模三等奖：肖博

-03- 水利水电学院获奖情况

- 水利类尺规一等奖：汪泾周
- 水利类尺规二等奖：常利伟 李文彬 周鑫
- 水利类尺规三等奖：刁雨晴 刘哲琼 徐畅 徐梁
- 水利类建模一等奖：徐梁
- 水利类建模二等奖：汪泾周
- 水利类建模三等奖：常利伟 刁雨晴 袁钲皓 周鑫

-04- 土木建筑工程学院获奖情况

- 建筑类尺规一等奖：方卉 贺泽澳 吴优
- 建筑类尺规二等奖：邓迁 孙心怡 王叶凌怡 袁志文
- 建筑类尺规三等奖：吴佳贤
- 建筑类建模一等奖：邓迁 方卉 贺泽澳 袁志文
- 建筑类建模二等奖：胡锦浠 王叶凌怡 吴佳贤
- 建筑类建模三等奖：孙心怡 吴优

第十三届"高教杯"全国大学生先进图形技能与产品信息建模大赛
2020年武汉大学代表队获奖盛况

团体获奖情况

建筑类团体一等奖：吴楚风 罗文杉 潘凌风 李飞扬 王紫琳　　机械类团体一等奖：张垚东 路忱宇 李伊彤 彭心茹 卓上茗

建筑类团体三等奖：李 涵 高心成 吴 扬 张瑞怡 王思刘　　水利类团体二等奖：谈晓雨 李 爽 陈治光 鲍佳福 刘玉玲

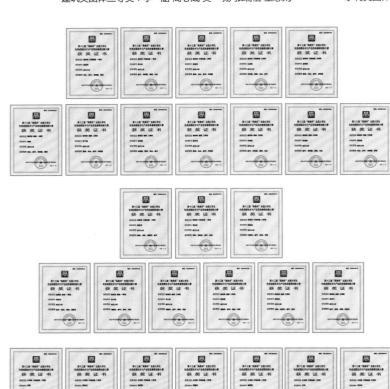

—01— 城市设计学院获奖情况

- 建筑类尺规一等奖：吴楚风 罗文杉
- 建筑类尺规二等奖：潘凌风
- 建筑类尺规二等奖：王紫琳 唐珮珮
- 建筑类建模一等奖：路 畅
- 建筑类建模二等奖：李飞扬 曾雨蕾 陈学冠
- 建筑类建模三等奖：许琪敏 李逸馨 张溢格

—02— 动力与机械学院获奖情况

- 机械类尺规一等奖：路忱宇 李伊彤
- 机械类尺规二等奖：陈鼎业
- 机械类建模一等奖：张垚东 彭心茹
- 机械类建模二等奖：卓上茗 陈俊昊 雷伟民
- 机械类建模二等奖：范琼予

—03— 水利水电学院获奖情况

- 水利类尺规一等奖：李 爽
- 水利类尺规二等奖：陈治光 刘宏卿 邱嘉琦
  杨夏森 王 冉
- 水利类尺规三等奖：刘玉玲
- 水利类建模一等奖：谈晓雨
- 水利类建模二等奖：鲍佳福
- 水利类建模三等奖：田浩霖 张雨萌

—04— 土木建筑工程学院获奖情况

- 建筑类尺规二等奖：高心成 李 涵 吴 扬
- 建筑类尺规三等奖：张东琪
- 建筑类建模二等奖：黄 欣 王思刘 杨 露
  龙礼滢 许耀龙
- 建筑类建模三等奖：刘泽远 张瑞怡 杨本乐

第七章　武汉大学竞赛团队学生竞赛训练作品展示

"高教杯"全国大学生先进图形技能与产品信息建模大赛
专业结构图示表达训练成果展示

- 01 - 个人信息介绍

- 姓　名：罗文杉
- 院　系：城市设计学院建筑中英班
- 学　号：2019302091016
- 获奖信息：第十三届高教杯成图大赛建筑类团体一等奖、尺规绘图一等奖、基础知识三等奖

- 获奖感言：

在参加成图大赛的过程中既有收获也有挑战，一是竞赛培训学习Revit、TR等都要占用大量课余时间；二是由于疫情影响，原本在七月份的竞赛被延期到了十一月，使得我们要在暑假期间自主组织训练，以及在开学以后继续复习。但是在备赛的过程中，不仅能学到新技能，也能督促自己克制惰性，所以抱着这种心态虽然过程中很累但还是在坚持，觉得是很值得的事情。

- 02 - 手工图成果介绍

- 培训对象：针对一、二年级工学学生群体
- 训练目的：注重训练学生对建筑专业结构的读图分析能力及图示表达能力，夯实学生专业基础;通过严格的尺规绘图培训，提升学生对建筑制图的标准及建筑规范的认知，同时培养学生严谨、细致的工作作风及专业素养。
- 培训目标：通过90学时的严格训练，要求学生能在竞赛规定时间内，通过对所提供的一套建筑结构图的读图分析，完成对该建筑整体结构的认知，并按相关题目要求，完成该建筑的平、立、剖图的尺规绘图。
- 图面规格：在A3图纸上按指定要求绘制剖面图或立面图，并标注尺寸;根据国家标准确定图形的线形、线宽看合理布局;需合理表达建筑图例;留装订边，并绘制标题栏。
- 完成时间：90分钟

- 03 - 训练资料展示

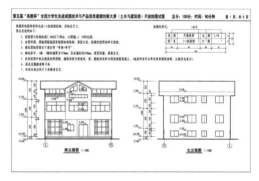

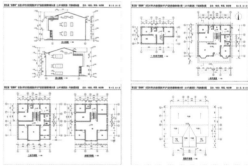

- 完成时长：90分钟
- 读图分析：20分钟
- 图面布置：20分钟
- 结构绘制：30分钟
- 尺寸标注：15分钟
- 图面整理：5分钟

- 04 - 手工图展示

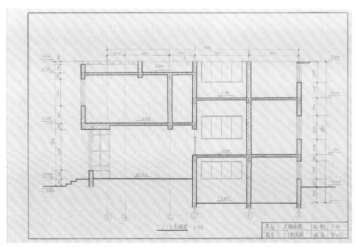

第一步，根据试题资料进行读图，并对建筑整体结构层次、内外结构及建筑布局和细部构造做快速的综合分析。首先找到剖切面并观察轴网，而后通过立面帮助理解整体空间组成,、思考构建剖面图大框架。最后阅读剖面图、详图、门窗表等，了解建筑结构、层高等。

第二步，图画布置。按要求画出图框标题栏后，计算整体绘图尺寸及布图影响因子（尺寸标注与图名的绘图位置）并在A3图纸上居中布局。而后将剖切位置所涉及的轴网及立面层高进行基础、主要结构的定位线绘制，在图纸上形成网格定位，为后续结构打下基础。

第三步，在网格上完成结构绘制。首先识别所剖切到的墙、门洞及楼板，用粗线型进行绘制。而后识别门窗，并结合其他图纸确定尺寸。检查剖切后还能看到哪些建筑细节，并用细线绘制。在所有楼层全部绘制完毕后，再结合详图、剖面图、楼梯平面图统一绘制楼梯。最后进行建筑材料图例的填充。

第四步，在图纸的左右及下方完成层高、门窗、轴网的标注与文字书写，并在图内完成细节尺寸标注。

第五步，清洁整理图面，擦去多余线条，填写考试现象，如有时间进行检查补充。

"高教杯" 全国大学生先进图形技能与产品信息建模大赛
专业结构图示表达训练成果展示

- 01 - 个人信息介绍

- 姓　　名：吴楚风
- 院　　系：城市设计学院建筑中英班
- 学　　号：2019302091013
- 获奖信息：第十三届高教杯成图大赛建筑类团体一等奖、尺规绘图一等奖、基础知识一等奖

- 获奖感言：

　　对于我来说，从准备到参加比赛的整个过程中，感触最深的就是如何在"持久战"中稳定心态。成图大赛原定是7月下旬进行的，没想到由于疫情拖到了11月初进行线上竞赛。这样一来准备比赛的战线被进一步拉长了。在繁重的学业压力下，我们几乎无暇顾及竞赛培训，手越来越生。还好，我们的信念在。整理好心态，终不负众望，取得了理想的成绩。

- 02 - 手工图成果介绍

- 培训对象：针对一、二年级工学学生群体
- 训练目的：注重训练学生对建筑专业结构的读图分析能力及图示表达能力，夯实学生专业基础;通过严格的尺规绘图培训，提升学生对建筑制图的标准及建筑规范的认知，同时培养学生严谨的、细致的工作作风及专业素养。
- 培训目标：通过90学时的严格训练，要求学生能在竞赛规定时间内，通过对所提供的一套建筑结构图的读图分析，完成该建筑整体结构的认知，并按相关题目要求，完成该建筑的平、立、剖图的尺规绘图。
- 图面规格：在A3图纸上按指定要求绘制剖面图或剖面图，并标注尺寸；根据国家标准确定图形的线形、线宽看合理布局；需合理表达建筑图例；留装订边，并绘制标题栏。
- 完成时间：90分钟

- 03 - 训练资料展示

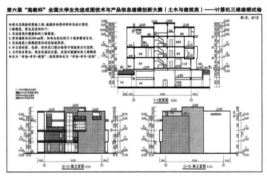

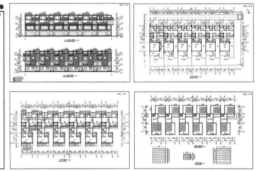

- 完成时长：90分钟
- 读图分析：10分钟
- 图面布置：5分钟
- 结构绘制：55分钟
- 尺寸标注：15分钟
- 图面整理：5分钟

- 04 - 手工图展示

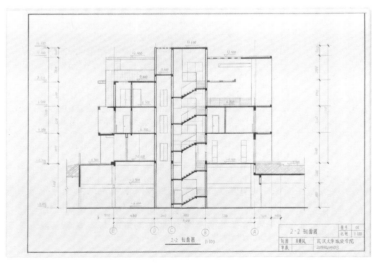

　　第一步，根据试题资料进行读图，并对建筑整体结构层次、内外结构及建筑布局和细部构造做快速的综合分析。首先找到剖切面并观察轴网，而后通过立面帮助理解整体空间组成、思考构建剖面图大框架。最后阅读剖面图、详图、门窗表等，了解建筑结构、层高等。

　　第二步，图画布置。按要求画出图框标题栏后，计算整体绘图尺寸及布图影响因子（尺寸标注与图名的绘图位置）并在A3图纸上居中布局。而后将剖切位置所涉及的轴网及立面层高进行基础、主要结构的定位线绘制，在图纸上形成网格定位，为后续结构打下基础。

　　第三步，在网格上完成结构绘制。首先识别所剖切到的墙、门洞及楼板，用粗线型进行绘制。而后识别门窗，并结合其他图纸确定尺寸。检查剖切后还能看到哪些建筑细节，并用细线绘制。在所有楼层全部绘制完毕后，再结合详图、剖面图、楼梯平面图统一绘制楼梯。最后进行建筑材料图例的填充。

　　第四步，在图纸的左右及下方完成层高、门窗、轴网的标注与文字书写，并在图内完成细节尺寸标注。

　　第五步，清洁整理图面，擦去多余线条，填写考试现象，如有时间进行检查补充。

"高教杯"全国大学生先进图形技能与产品信息建模大赛
专业结构图示表达训练成果展示

- 01 - 个人信息介绍

- 姓　　名：陈治光
- 班　　级：水利水电学院卓越工程师班
- 学　　号：2018302060282
- 获奖信息：团体二等奖、尺规绘图二等奖、基础知识二等奖

- 获奖感言：

　　成图大赛，是一种交到朋友，互相学习，相互督促的超赞的学习体验。给我们培训的老师既有实力又风趣，感觉他们本来是个普普通通的人，但是到了建模的世界里就无所不能。过程当然很累，但是慢慢塑造起了自信，学会了自我欣赏，会对自己的作品感到震惊和好笑并被感动。最喜欢手工图，紧张刺激之中还要对细节精雕细琢，拐弯抹角笔尖一转分外满意，胸有成竹随便画的时候也感觉很飘。总之和大家度过的是一段开心充实的日子。

- 02 - 手工图成果介绍

- 培训对象：工学学生
- 训练目的：注重训练学生对水利设施、结构的读图分析能力及图示表达能力，夯实学生专业基础；通过严格的尺规绘图培训，提升学生对水工制图规范的认知，培养学生严谨细致的工作作风及专业素养。
- 培训目标：通过90学时的严格训练，要求学生在竞赛规定的时间内，通过对所提供的水工结构图的读图分析，以对该结构的认识，完成立面图、平面图、剖面图、轴测图等的尺规绘制。
- 图面规格：在A3图纸上完成题目，按规范标注尺寸。合理布局，线宽准确，线形优美，图幅整洁，并绘制标题栏，附说明文字。

- 完成时间：90分钟

- 03 - 训练资料展示

- 完成时长：90分钟　读图分析：10分钟　图面布置：10分钟
- 结构绘制：50分钟　尺寸标注：15分钟　图面整理：5分钟

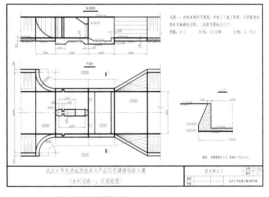

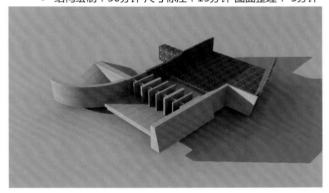

- 04 - 手工图展示

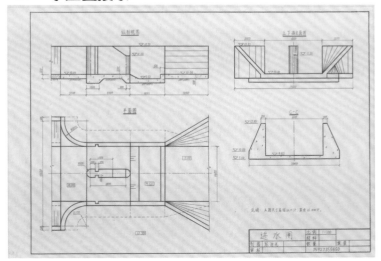

　　第一步，读题读图，综合分析，借助题目理解水工建筑空间组成，注意功能导向地理解结构、分析结构、甚至在题目信息不全的情况下把握结构。

　　第二步，布图，作浅辅助线，这是快速又不失精准的基础，否则可能出错了很后悔但只能硬着头皮画。

　　第三步，粗线，细线，虚线，点划线一步到位。还要注意填充、注释、尺寸、图名、说明文字、尺寸标注。

　　第四步，清洁图面，美化图线，补充缺少的，去掉多余的。

"高教杯"全国大学生先进图形技能与产品信息建模大赛
专业结构图示表达训练成果展示

- 01 - 个人信息介绍

- 姓　　名：李 爽
- 院　　系：水利水电学院-水文与水资源工程
- 学　　号：2018302060224
- 获奖信息：第十三届高教杯成图大赛水利类团体二等奖、尺规绘图一等奖、机械类图学基础知识二等奖

- 获奖感言：

　　作为两年参加成图竞赛的老生，每一年都有很多收获。第二年作为队长的经历尤其令人感慨。2020年是极特殊的一年，疫情使得比赛地时间一拖再拖，并且给我们带来了全新的赛制，这考验着每一个队员。但这样的困难没有让我们放弃，反而使得我们更加团结。大家在一起思考如何准备，相互鼓励、共同成长，最终顺利地完成了这场比赛，同时都取得了比较理想的成绩。我由衷感谢悉心教学的老师们，他们的指导给予了我莫大的帮助；同时感谢曾一起并肩作战的同学们，我们一起共同奋斗的经历是人生中宝贵的财富，值得我一生珍藏。

- 02 - 手工图成果介绍

- 培训对象：针对一、二年级工学学生群体
- 训练目的：注重训练学生对土木专业结构的读图分析能力及图示表达能力，夯实学生专业基础;通过严格的尺规绘图培训，提升学生对土建图的标准及建筑规范的认知，同时培养学生严谨、细致的工作作风及专业素养。
- 培训目标：通过90学时的严格训练，要求学生能在竞赛规定的时间内，通过对所提供的一套土木结构图的读图分析，完成对该工程整体结构的认知，并按相关题目要求，完成工程的平、立、剖图的尺规绘图。
- 图面规格：在A3图纸上按指定要求绘制剖面图或剖面图，并标注尺寸；根据国家标准确定图形的线形、线宽看合理布局；需合理表达建筑图例；留装订边，并绘制标题栏。
- 完成时间：90分钟

- 03 - 训练资料展示

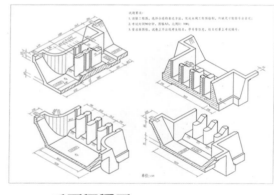

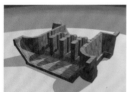
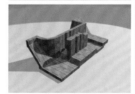
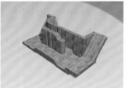

- 完成时长：90分钟
- 读图分析：10分钟
- 图面布置：5分钟
- 结构绘制：55分钟
- 尺寸标注：15分钟
- 图面整理：5分钟

- 04 - 手工图展示

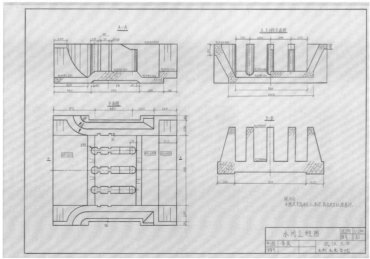

　　第一步，根据所提供试题，认真读题，了解题目要求。理解水工建筑物的形状构造，思考选择合适的表达方法。

　　第二步，计算总体尺寸，根据总体尺寸加上预留的尺寸标注位置和所要运用的表达方式进行合理的排版和布局，可用细线轻轻勾画出中心线位置。

　　第三步，绘制水工建筑物主体部分，注意运笔方式，粗实线争取一笔画出，细实线也需要保证足够的清晰度。避免出现粗实线与细实线颜色差别明显的情况。

　　第四步，标注尺寸、填充。建议尺寸标注优先，先标注大的尺寸，建议在不同图形中同时进行标注，不要一个个标注。同时注意不要漏掉说明文字。

　　第五步，检查水工结构是否正确表达。整理图纸，去掉多余的线条，保证图纸的美观。

"高教杯"全国大学生先进图形技能与产品信息建模大赛
专业结构图示表达训练成果展示

- 01 - 个人信息介绍

- 姓　　名：吴扬
- 院　　系：土木建筑工程学院土木工程卓越班
- 学　　号：2019302100062
- 获奖信息：第十三届"高教杯"全国大学生先进成图技术与产品信息建模创新大赛建筑类团体三等奖、尺规绘图二等奖、基础知识一等奖

获奖感言：

　　成图比赛可以说是我在大学里参加的第一个正式的大型比赛，是一次很特别的经历。训练的时间很漫长，而且经常被遇到的挫折消磨信心，但值得的是我最终还是坚持下来并且给这段赛程画上了圆满的句号。不仅在这段与比赛相伴的时光中学会了专业技能，还与团队的其他小伙伴结下了深厚的革命友谊，在比赛结束之后的学习生活中，我们也像当初在成图团队中一样，互相帮助，一同成长和进步。

- 02 - 手工图成果介绍

- 培训对象：针对一、二年级工学学生群体
- 训练目的：注重训练学生对建筑专业结构的读图分析能力及图示表达能力，夯实学生专业基础;通过严格的尺规绘图培训，提升学生对建筑制图的标准及建筑规范的认知，同时培养学生严谨、细致的工作作风及专业素养。
- 培训目标：通过90学时的严格训练，要求学生能在竞赛规定的时间内，通过对所提供的一套建筑结构图的读图分析，完成对该建筑整体结构的认知，并按相关题目要求，完成该建筑的平、立、剖的尺规绘图。
- 图面规格：在A3图纸上按指定要求绘制剖面图或剖面图，并标注尺寸;根据国家标准确定图形的线形、线宽看合理布局;需合理表达建筑图例;留装订边，并绘制标题栏。
- 完成时间：90分钟

- 03 - 训练资料展示

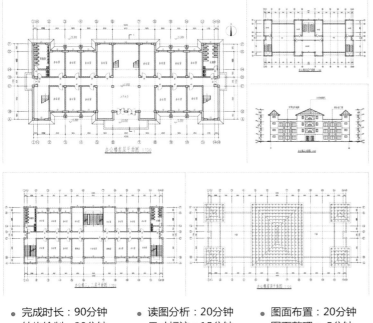

- 完成时长：90分钟
- 结构绘制：30分钟
- 读图分析：20分钟
- 尺寸标注：15分钟
- 图面布置：20分钟
- 图面整理：5分钟

- 04 - 手工图展示

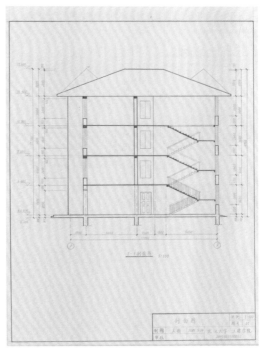

　　首先，仔细阅读试题要求，明确所需画出的内容，作图比例等，并对所有图纸进行初步浏览，对建筑整体结构，内部布局和细部构造进行综合分析。在图纸中找到剖切位置和视图方向，根据轴网的定位，通过平面图和立面图构建空间框架，对所作的剖面图有初步的判断和把握。

　　接着布置图面，按照所给要求画出图框和标题栏，粗略计算出整体绘图尺寸和布图影响因子，包括尺寸标注、图名标注，在A3图纸居中布置。将剖面图中的轴网和层高进行定位拉线，形成网格。

　　然后，根据已经定位的网格完成建筑结构的绘制。先逐位逐层绘制剖切的墙体、楼板，再逐一绘制剖切到的门窗洞和剖切后能看到的建筑细节，尺寸根据门窗表及建筑详图确定，注意各部分的线形规范。各楼层绘制完毕之后，根据楼梯平面图、详图、剖面图绘制楼梯。还要弄清梁板柱之间的关系，判断梁、柱的看线等细节问题。最后根据制图比例确定建筑材料的填充。

　　最后，对轴网、层高、门窗、楼梯等进行尺寸标注，书写图名、比例。整理图面，补充或擦去部分线条，保证绘图正确美观。

"高教杯"全国大学生先进图形技能与产品信息建模大赛
专业结构图示表达训练成果展示

- 01 - 个人信息介绍

- 姓　　名：路忱宇
- 院　　系：动力与机械学院能源与动力工程
- 学　　号：2019302080213
- 获奖信息：第十三届高教杯成图大赛机械类团体一等奖、尺规绘图一等奖、基础知识三等奖

- 获奖感言：

　　比起最后的结果，或许更让人印象深刻并将永远铭记在心的是过程。新冠疫情的爆发，让居家练习和授课过程变得非常漫长和辛苦。虽然没有在一起练习的氛围，但团队成员互相鼓励坚持了下来。回顾这段经历，对我来说最重要的是加深了对于工程图学这门课的理解与感悟，同时也培养了科学缜密的思维和严谨细致的态度。其间收获的友情，更让这次经历充满了温度。

- 02 - 手工图成果介绍

- 培训对象：针对一、二年级工学学生群体

- 训练目的：注重训练学生对机械零件结构的读图分析能力及图示表达能力，夯实学生专业基础。通过严格的尺规作图培训，提升学生对机械工程制图的标准和规范的认识，同时培养学生严谨、细致的工作作风和专业的工作素养。

- 培训目标：通过90学时的严格训练，要求学生能在竞赛的规定时间内，根据竞赛方所提供的机械零件的立体图或示意图，完成识图、读图，确定正确的表达方式，根据要求在图纸上精确绘制出零件的结构特征，并完成尺寸、表面粗糙度和技术要求等的标注。

- 图面规格：在A3图纸上按要求绘制诸如三视图、剖面图、断面图、局部视图等，并标注尺寸。合理布局视图位置，合理运用线形和线宽。绘制标题栏和装订线。

- 完成时间：90分钟

- 03 - 训练资料展示

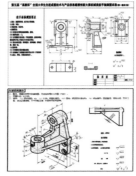

- 完成时长：90分钟
- 读图分析：20分钟
- 图面布置：5分钟
- 结构绘制：45分钟
- 尺寸标注：15分钟
- 图面整理：5分钟

- 04 - 手工图展示

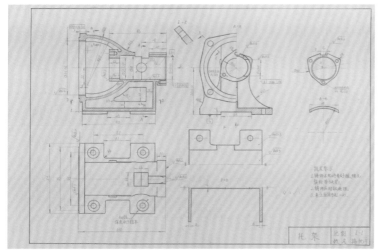

　　第一步，根据所提供试题，认真读题，了解题目要求。看清楚所要绘制的实体，如拆画装配体中的哪一个零件。仔细观察所画零件的内部和外部结构，看清楚孔的个数和类型，根据结构选择合适的表达方法。

　　第二步，记住零件的总体尺寸（长、宽、高），根据总体尺寸和所要运用的表达方式进行合理的排版和布局。除了主要的视图外，注意需要留出可能疏忽的局部视图和技术要求的位置。尽量保证各个视图位置居中并且间距相似。

　　第三步，在已框定的位置绘制零件结构。识图和读图上可花较多时间，作图时直接用粗实线作图，比较复杂或者不太确定的结构可以先用较轻的细实线表达出大致位置，对于重复的结构应先画出位置，时间充足则将结构补全，否则可采用简化画法。在时间不够的情况下优先保证把图画完，美观次之。

　　第四步，标注尺寸、表面粗糙度和形位公差等。先标注形位公差，并优先写上技术要求。注意标注得标准美观。

　　第五步，检查是否有缺漏的部分。整理图纸，擦去多余的线条和虚线，保持图样美观整洁。

"高教杯"全国大学生先进图形技能与产品信息建模大赛
专业结构图示表达训练成果展示

- 01 - 个人信息介绍

- 姓　　名：李伊彤
- 院　　系：动力与机械学院
- 学　　号：2018302080225
- 获奖信息：第十三届高教杯成图大赛机械类团体一等奖、尺规绘图一等奖、基础知识三等奖

- 获奖感言：

　　时值疫情，此次比赛准备的时间比以往更长，考试方式和内容又有所改变，培训和练习的过程是辛苦的。通过这次比赛，我的制图水平，建模能力和3D打印等方面的知识都得到了提高，也培养了团队协作能力。训练和比赛的日子紧张、忙碌却又充实而快乐，我由衷感谢悉心教学的老师们的指导和鼓励；感谢曾一起并肩作战的同学们，我们因比赛结缘，收获了深厚的友谊。

- 02 - 手工图成果介绍

- 培训对象：针对一、二年级工学学生群体
- 训练目的：注重训练学生对机械零件结构的读图分析能力及图示表达能力，夯实学生专业基础。通过严格的尺规作图培训，提升学生对机械工程制图的标准和规范的认识，同时培养学生严谨、细致的工作作风和专业的工作素养。
- 培训目标：通过90学时的严格训练，要求学生能在竞赛的规定时间内，根据竞赛方所提供的机械零件的立体图或示意图，完成识图、读图，确定正确的表达方式，根据要求在图纸上精确绘制出零件的结构特征，并完成尺寸、表面粗糙度和技术要求等的标注。
- 图面规格：在A3图纸上按要求绘制诸如三视图、剖面图、断面图、局部视图等，并标注尺寸。合理布局视图位置，合理运用线形和线宽。绘制标题栏和装订线。
- 完成时间：90分钟

- 03 - 训练资料展示

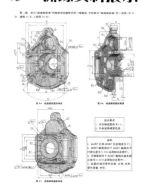

- 完成时长：90分钟
- 读图分析：15分钟
- 图面布置：5分钟
- 结构绘制：50分钟
- 尺寸标注：10分钟
- 图面整理：10分钟

- 04 - 手工图展示

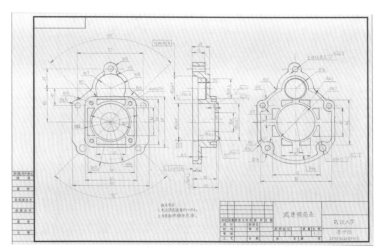

　　第一步，读题，观察所绘实体，结合图纸大小选取适当比例，并选择合适的表达方法，做到目的明确、简洁明了，不遗漏每一个结构，不做不必要的重复表达。

　　第二步，根据图上尺寸进行视图的布置，画出定位中心线，各基本视图之间要保持"长对正、高平齐、宽相等"的投影关系。

　　第三步，进行主要视图的绘制。应同时在多个视图中对同一结构进行绘制，利用丁字尺确定其在各视图中的尺寸关系，省去多次测量的时间，同时保证结构的正确性和一致性。对于特别复杂的结构可以按标准简化。

　　第四步，对主要视图无法明确表达的结构，在图纸合适位置补充剖视图、断面图或局部放大图等。

　　第五步，完成零件图剩下部分，包括尺寸标注、技术要求和标题栏。应正确、完整、清晰、合理地标出零件的全部形状尺寸和相对位置尺寸；技术要求包括尺寸公差、几何公差、表面粗糙度、热处理以及表面处理要求等；标题栏要以规定字号字体填写零件名称、绘图比例、材料、数量等。

　　第六步，查漏补缺，保持图面整洁。

"高教杯"全国大学生先进图形技能与产品信息建模大赛
专业结构三维设计训练成果展示

- 01 - 个人信息介绍

- 姓　　名：路畅
- 院　　系：城市设计学院建筑中英班
- 学　　号：2019302091031
- 获奖信息：第十三届高教杯成图大赛建筑类建模一等奖、尺规绘图三等奖、基础知识三等奖

- 获奖感言：

　　本次成图国赛延期四个月，战线长。大赛题型改革，任务重。金秋艺术节遇上成图大赛，时间紧。由于疫情原因线上考试，变数多。

　　但是，变量所带来的不只有挑战，还有机遇。当外校队员因为战线长而焦躁时，我们可以放松心情吃吃火锅；当其他人因为题型改革手足无措时，我们可以"故作镇定"稳如老手；当同学因为线上考试形式带来的意外焦急无措时，我们可以趁机潜心静气。

　　抱着玩耍的心态，有时候反而收获颇丰。不虚此行。

- 02 - 三维建模科目介绍

- 培训对象：针对一、二年级未接触三维课程的工学学生群体
- 训练目的：提升学生对专业结构的理解与读图分析能力，夯实学生专业基础；培养学生快速地进行三维设计的基础与设计技能。
- 培训目标：通过100学时训练，要求学生在规定时间内，通过对整个结构的认识，按相关题目要求，完成专业结构的建模，进行材质、灯光、环境处理，最终生成效果图。
- 完成时间：120分钟

- 03 - 训练资料展示

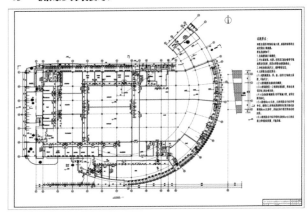

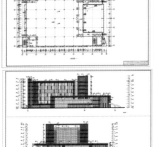

- 完成时长：120 分钟
- 预判难度：5　分钟
- 战术制定：5　分钟
- 整体搭建：90 分钟
- 细节修饰：15 分钟
- 后期配景：5　分钟

- 04 - 成果图展示

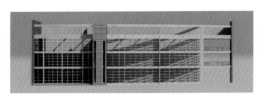

　　建模技术与刻苦程度和先天禀赋有关，短时间内可能无法迅速提升；而建模技巧大概需要一点点悟性与随机应变能力。以晚学的决赛三维建模为例：决赛建模是我四个月以来第一次建模，所以在技术方面与诸位大佬相比毫无优势。但是，在比赛现场，随机应变能力是很重要的。我首先预判难度，发现决赛题目很难。于是我把建模战术调整为建个壳子，细节最后再说。因为这样难度的题目，除天才外两个小时内谁也建不出来。越想建完，越容易焦虑。抱着"向死而生"的决心，反而可能逆风翻盘。

"高教杯"全国大学生先进图形技能与产品信息建模大赛
专业结构三维设计训练成果展示

- 01 - 个人信息介绍

- 姓　　名：鲍冬婷
- 院　　系：城市设计学院城乡规划系
- 学　　号：2020302091018
- 获奖信息：第十四届高教杯成图大赛建筑类
  个人全能一等奖、团体二等奖、
  基础知识二等奖

- 获奖感言：

　　本次成图大赛在老师们的辛勤指点和同学们的不懈努力下顺利完成。其间我们收获颇多，首先必然是知识层面上的，我们都熟练掌握了建筑施工图的画法和Revit三维建模软件，这对我们日后的学习和发展有着莫大的帮助。其次，我们也深刻认识到了有付出就会有回报，当许多同学已经开始享受假期之时，我们依然坚守在教室里积极训练，为比赛时的有条不紊打下了坚实的基础。比赛过程中我们也能积极发挥团队优势，将损失降到最小。最后，要再次感谢学校和老师为我们提供的帮助和支持，也祝愿我院在未来的成图大赛中取得更好的成绩。

- 02 - 三维建模科目介绍

- 培训对象：针对一、二年级未接触三维课程的工学学生群体
- 训练目的：提升学生对专业结构的理解与读图分析能力，夯实学生专业基础；培养学生快速地进行三维设计的基础与设计技能。
- 培训目标：通过100学时训练，要求学生在规定时间内，通过对整个结构的认识，按相关题目要求，完成专业结构的建模，进行材质、灯光、环境处理，最终生成效果图。
- 完成时间：120分钟

- 03 - 训练资料展示

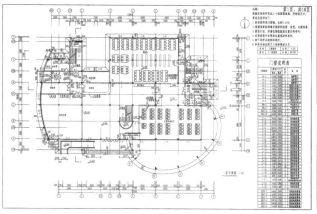

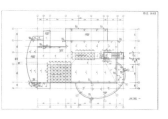

- 完成时长：120分钟
- 预判难度：1　分钟
- 战术制定：1　分钟
- 整体搭建：100　分钟
- 细节修饰：13　分钟
- 后期配景：5　分钟

- 04 - 成果图展示

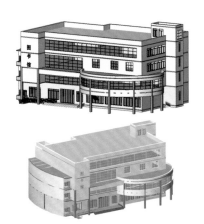

　　计算机建模对于大一的学生来说几乎是零基础起步的课程，从熟悉软件到逐步建立完整模型再到竞赛速度培训，这条战线相对较长，但这对我们日后的学习来说却有着莫大的帮助，熟练的建模技能成为我们的优势。建模竞赛的培训当然也并不只是学会使用软件，更是要进行大量的难度和速度的训练，同时也要与队友们多交流，取长补短才能更好地进步。不仅如此，如何在竞赛短短的两小时中冷静应战，极大地发挥出自己的技术储备也是一门学问。

"高教杯"全国大学生先进图形技能与产品信息建模大赛
专业结构三维设计训练成果展示

- o1 - 个人信息介绍

- 姓　　名：王思刘
- 院　　系：土木建筑工程学院土木工程卓越班
- 学　　号：2018302100115
- 获奖信息：第十三届"高教杯"成图大赛建筑类团体三等奖、建模二等奖、图学基础知识竞赛二等奖

获奖感言：

今年是不寻常的一年，在三月到十一月这长达十个月的训练中，我们学会了实用的Revit、天正软件，提高了看图作图的能力，对尺规绘图这项技能也有了一定程度的掌握，但这仅仅是参加这个比赛所收获的一小部分。从寒冬到酷暑，我们从无到有，一点一点学习积累，一次一次讨论纠错，再到一遍一遍高强度训练，结识了朋友，磨炼了意志，获得了成就和满足感；从酷暑入了深秋，我们在忙碌的学习工作之余，在精力和耐心消耗殆尽之时，一起加油度过了最难的时光。虽然还有很多遗憾，但大学里的这样一段有苦有甜的经历真的很值得收藏。

- o2 - 三维建模科目介绍

- 培训对象：针对一、二年级未接触三维课程的工学学生群体
- 训练目的：提升学生对专业结构的理解与读图分析能力，夯实学生专业基础；培养学生快速地进行三维设计的基础与设计技能。
- 培训目标：通过100学时训练，要求学生在规定时间内，通过对整个结构的认识，按相关题目要求，完成专业结构的建模，进行材质、灯光、环境处理，最终生成效果图。
- 完成时间：120分钟

- o3 - 训练资料展示

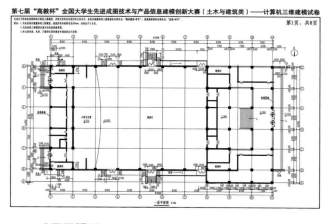

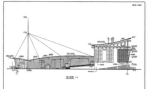

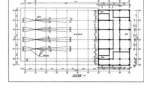

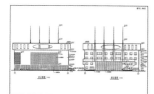

- 完成时长：120分钟
- 整体搭建：100 分钟
- 细节修饰：15 分钟
- 后期配景：5 　分钟

- o4 - 成果图展示

建模起步很快，随着日积月累的练习也会有一定程度的提升。但到了某个阶段就会出现瓶颈期，明显可以感觉到本队与其他队的差距。这个时候更需要团队的凝聚力，大家一起交流经验，取长补短；坚持训练也很重要。对于个人来说，建模需要有一定的空间想象能力，拿到图纸就在脑子里有一个框架；需要熟练的技巧和一定的随机应变能力，这对于时间紧迫的比赛更是如此；更需要良好的心态，排除杂念，专注眼前，有时候结果会超出自己的预期。

"高教杯"全国大学生先进图形技能与产品信息建模大赛
专业结构图示表达训练成果展示

- 01 - 个人信息介绍

- 姓　　名：高皋
- 院　　系：土木建筑工程学院土木工程卓越班
- 学　　号：2019302100203
- 获奖信息：第十四届"高教杯"成图大赛建筑类个人全能一等奖、团体二等奖、图学基础知识竞赛二等奖

● 获奖感言：

今年是不平凡的一年，今年的成图竞赛是竞争尤为激烈的一届。从寒冬到酷暑，从第一轮的初选，到中期的省赛选拔，再到最后的决赛，犹如千军万马过独木桥，我们一步一步脱颖而出，一起度过煎熬的时光，一起品尝胜利的喜悦，虽然比赛的过程还有些遗憾，有些不尽如人意，但这都将成为我永生难忘的回忆。

- 02 - 三维建模科目介绍

- 培训对象：针对本科一、二年级未接触三维课程的工学学生群体
- 训练目的：提升学生对专业结构的理解与读图分析能力，夯实学生专业基础；培养学生快速地进行三维设计的基础与设计技能。
- 培训目标：通过100学时训练，要求学生在规定时间内，通过对整个结构的认识，按相关题目要求，完成专业结构的建模，进行材质、灯光、环境处理，最终生成效果图。
- 完成时间：120分钟

- 03 - 训练资料展示

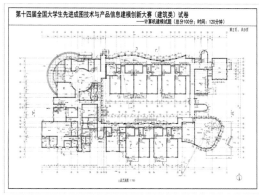
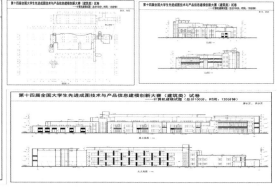

- 完成时长：120分钟
- 读图分析：5分钟
- 图面布置：5分钟
- 结构绘制：90分钟
- 尺寸标注：10分钟
- 图面整理：10分钟

- 04 - 手工图展示

建模不同于尺规作图，是比较能拉开差距的项目。当然我认为，在整个培训期间我们最应该做的就是要放平心态，着眼现在，去享受三维建模带给我们的充实与愉悦，时刻保持这样的态度，也许最后你会有意想不到的收获。

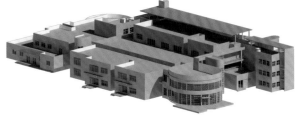

"高教杯"全国大学生先进图形技能与产品信息建模大赛
专业结构三维设计训练成果展示

- 01 - 个人信息介绍

- 姓　　名：夏宇锋
- 院　　系：土木建筑工程学院土木工程二班
- 学　　号：2019302100191
- 获奖信息：第十四届"高教杯"成图大赛建筑类团体一等奖、建筑类个人全能一等奖

- 获奖感言：

　　成图比赛是我大学中最难忘的经历之一。在将近一百天的培训中，我们从对建模一窍不通到比赛时临危不乱；从看图纸头晕目眩到能快速读图；从开始对成图的麻木不仁到现在的满腔热爱，这是一种磨砺也是一份礼物。成图比赛带给我的不仅仅是建模的技术和读图的能力，更重要的是学习的方法和态度，带给我更珍贵的是优秀的培训老师和一群共同奋斗的同伴。感谢成图大赛也希望它能越办越好。

- 02 - 三维建模科目介绍

- 培训对象：针对一、二年级未接触三维课程的工学学生群体
- 训练目的：提升学生对专业结构的理解与读图分析能力，夯实学生专业基础；培养学生快速地进行三维设计的基础与设计技能
- 培训目标：通过100学时训练，要求学生在规定时间内，通过对整个结构的认识，按相关题目要求，完成专业结构的建模，进行材质、灯光、环境处理，最终生成效果图
- 完成时间：120分钟

- 03 - 训练资料展示

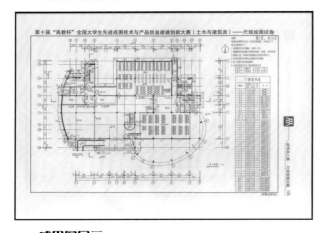

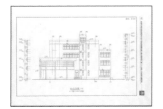

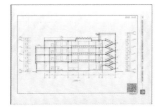

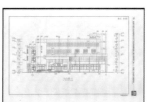

- 完成时长：120分钟
- 预判难度：1　分钟
- 战术制定：1　分钟
- 整体搭建：100　分钟
- 细节修饰：10　分钟
- 后期配景：8　分钟

- 04 - 成果图展示

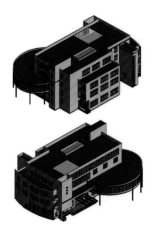

　　三维建模的不确定性很大，可能很简单也可能很难，但是无论简单还是困难，只要根据平时练习的经验，一步一步按条理来做就好。保证不在难的部分浪费时间并把简答的做好。因为在三维建模中时间就是分数，学会取舍才能保住心态。其次平时的练习也很重要，只有在练习中把握好节奏，比赛时才能发挥水平。

"高教杯"全国大学生先进图形技能与产品信息建模大赛
专业结构图示表达训练成果展示

- 01 - 个人信息介绍

- 姓　　名：杨 露
- 院　　系：土木建筑工程学院
- 学　　号：2019302100057
- 获奖信息：第十四届"高教杯"全国大学生成
  图创新大赛建筑类个人全能二等奖
  建筑类"天正杯"BIM创新应用 二等奖

- 获奖感言：

　　时隔一年，再逢成图大赛，我带着去年的遗憾重新出发。作为去年的参赛队员，前期培训的Revit、天正软件已经基本掌握，所需做的便是恢复自己的手感与熟练度。我总结去年的经验，突破自我，软件应用得心应手、精益求精。寒冬酷暑，我收获的不只是比赛方面的专业知识，更收获了一群一起拼搏的朋友与自己更加强大的内心。

- 02 - 训练资料展示

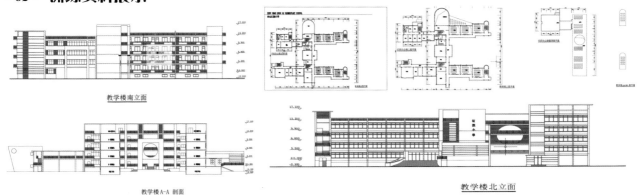

教学楼南立面

教学楼A-A 剖面

教学楼北立面

- 03 - 成果图展示

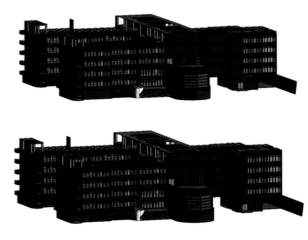

　　在对建模软件已经足够熟悉之后，需要我们做的除了日常的高强度训练外，更需要的是与团队一起讨论，借鉴经验取长补短，设置快捷键、提前做好模板……在实际比赛中，我们也要对试题的整体难度进行评估，进而确定整个建模所需的精细程度。对于复杂的模型，我们可以抓主忽次，选择对模型进行一个整体的把握，除此之外，便只需放心大胆地做就好了！

"高教杯"全国大学生先进图形技能与产品信息建模大赛
专业结构三维设计训练成果展示

- 01 - 个人信息介绍

- 姓　　名：张瑞怡
- 院　　系：木建筑工程学院土木工程卓越班
- 学　　号：2019302100010
- 获奖信息：第十四届"高教杯"成图大赛建筑
  类团体一等奖、个人全能二等奖、
  "天正杯"BIM 创新应用一等奖

- 获奖感言：

　　今年是我第二次参加成图大赛，在这一年的培训中我有了很多和前一年不一样的体验。首先感谢几位老师的悉心教导，老师们在我遇到瓶颈时帮助我解决问题，使我的画图建模水平在去年的基础上有了很大的提升，在培训的全过程中，老师的陪伴也给了我很大的动力。其次，在今年的训练中，我与同学们相互交流，取长补短，共同进步，也让我和我们的团队有了更大的提升。工夫下在平时，在赛前做好充足的准备，比赛时才能做到游刃有余。

- 02 - 三维建模科目介绍

- 培训对象：针对一、二年级未接触三维课程的工学学生群体
- 训练目的：提升学生对专业结构的理解与读图分析能力，夯实学生专业基础；培养学生快速地进行三维设计的基础与设计技能
- 培训目标：通过100学时训练，要求学生在规定时间内，通过对整个结构的认识，按相关题目要求，完成专业结构的建模，进行材质、灯光、环境处理，最终生成效果图
- 完成时间：120分钟

- 03 - 训练资料展示

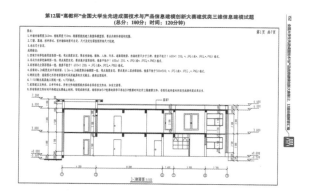

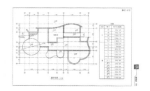

- 完成时长：120分钟
- 预判难度：1　分钟
- 战术制定：1　分钟
- 整体搭建：100 分钟
- 细节修饰：10 分钟
- 后期配景：8　分钟

- 04 - 成果图展示

　　最重要的是找到适合自己的建模方式，通过前期的尝试，搞清楚到底是一层一层地建更好还是先搭建整体再补充细节更好，找到适合自己的建模方式后，无论遇到多么复杂的图纸都可以做到稳而不乱。其次就是，在平时的训练中，熟悉常用的墙、门窗和散水、台阶、墙饰条等族文件并建立属于自己的样板文件，在建模时可以节约很多时间。熟悉每个PSD适合的建筑风格和透视角度，后期处理的过程可以事半功倍。建模入门之后，训练都大同小异，但是我们要学会在枯燥的训练中每天得到不同的收获，总结得失，不断进步。

"高教杯"全国大学生先进图形技能与产品信息建模大赛
专业结构图示表达训练成果展示

- 01 - 个人信息介绍

- 姓　　名：张子凡
- 院　　系：电气与自动化学院自动化
- 学　　号：2020302191599
- 获奖信息：第十四届高教杯成图大赛水利类
　　　　　　个人全能一等奖，团体一等奖

- 获奖感言：

　　成图大赛不仅让我学习到了专业技能，更让我明白了只有不断努力才会有所收获。感谢老师们给予的机会和栽培，更感谢队友们的鼓励和陪伴。这段难以忘怀的时光我会时时回味。

- 02 - 训练资料展示

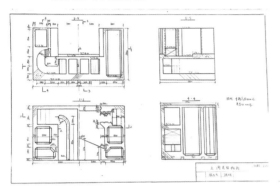
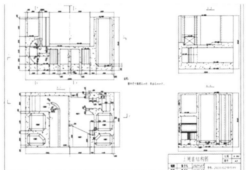

- 完成时长：180分钟
- 二维绘制：90分钟
- 环境布置：5分钟
- 阅读题目：10分钟
- 三维建模：70分钟
- 渲染出图：5分钟

- 03 - 成果图展示

　　总共180分钟既要完成一个二维制图，还要对三维模型的草图进行二维绘制并且把草图导入3DMax的软件来建模。因此，平时的训练主要训练的就是绘图的速度。因为软件和技能的学习并不难，只要稍加练习就能熟练掌握，但是要精益求精就要付出努力和汗水。

"高教杯"全国大学生先进图形技能与产品信息建模大赛
专业结构三维设计训练成果展示

- 01 - 个人信息介绍

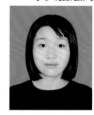

- 姓　　名：邱嘉琦
- 院　　系：水利水电学院港口航道与海岸工程
- 学　　号：2018302060347
- 获奖信息：第十三届高教杯成图大赛水利类尺规绘图二等奖、图学基础知识三等奖

- 获奖感言：

　　这一年不是我参加成图比赛的第一年，但却是我刻骨铭心的一年。由于疫情原因，今年有着比往年更漫长的练习时间，更复杂的赛制，以及更艰巨的学习任务。时至今日，在三九寒冬中修图建模，在炎夏酷暑中埋头画图的回忆仍然历历在目。但压力带来的不只是紧张，更多的是动力。庆幸自己拥有一起努力的团队伙伴和始终认真负责的指导老师。这段宝贵的经历让成图于我不再是一个冷冰冰的比赛，而更多是收获与快乐。

- 02 - 三维建模科目介绍

- 培训对象：针对一、二年级未接触三维课程的工学学生群体
- 训练目的：提升学生对专业结构的理解与读图分析能力，夯实学生专业基础；培养学生快速地进行三维设计的基础与设计技能
- 培训目标：通过100学时的训练，要求学生在规定时间内，通过对整个结构的认识，按相关题目要求，完成CAD二维图形的绘制，并依据二维图形在3Ds Max中完成专业结构的建模，进行材质、灯光、环境处理，最终生成效果图
- 完成时间：180分钟

- 03 - 训练资料展示

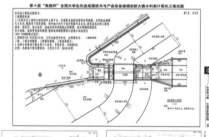
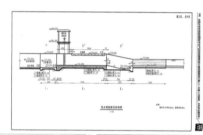

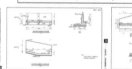
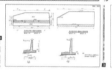
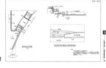

- 04 - 成果图展示

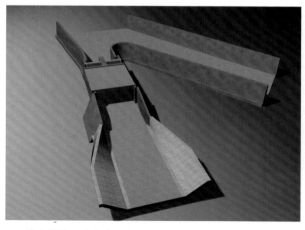

- 完成时长：180分钟
- 阅读题目：10 分钟
- 二维绘制：90 分钟
- 三维建模：70 分钟
- 环境布置：5　分钟
- 渲染出图：5　分钟

　　比赛共计三个小时，看似时间充裕，但往往需要我们争分夺秒。拿到比赛题目后，需要对题目进行仔细的阅读，看清题目的要求，二维的绘制讲求快而稳，一般控制在60分钟左右，以便为更复杂的建模争取时间。三维模型看似复杂，但所用的基础指令却并不多，重要的是掌握构建目标对象的最优解，一次成型，减少后期加工修改。最后的灯光与环境的布置则遵循看清主要结构，光影分明，贴图自然。

"高教杯"全国大学生先进图形技能与产品信息建模大赛
专业结构三维设计训练成果展示

- 01 - 个人信息介绍　　　　　　　　　**个人信息介绍**

- 姓　　名：谈晓雨
- 院　　系：水利水电学院水利水电工程
- 学　　号：2018302060087
- 获奖信息：第十三届高教杯成图大赛水利类建模一等奖、团体二等奖、图学基础知识二等奖

- 获奖感言：

　　这一年，训练时间拉长，比赛推迟，成图训练从我的大二下学期开始，一直到大三上学期比赛完成才结束。这次的比赛有诸多新的挑战和变数，也考验着我们的毅力和应变能力。很幸运最后的结果没有辜负这段时间的付出。

　　这期间我认识了很多可爱的同学。训练虽然是辛苦的，但也是快乐的。感谢备赛期间的相互鼓励，这段宝贵的经历我会永远铭记。

- 02 - 三维建模科目介绍

- 培训对象：针对一、二年级未接触三维课程的工学学生群体
- 训练目的：提升学生对专业结构的理解与读图分析能力，夯实学生专业基础；培养学生快速地进行三维设计的基础与设计技能
- 培训目标：通过100学时的训练，要求学生在规定时间内，通过对整个结构的认识，按相关题目要求，完成CAD二维图形的绘制，并依据二维图形在3Ds Max中完成专业结构的建模，进行材质、灯光、环境处理，最终生成效果图
- 完成时间：120分钟

- 03 - 训练资料展示

● 完成时长：180分钟　● 二维绘制：90 分钟　● 环境布置：5 分钟
● 阅读题目：10 分钟　● 三维建模：70 分钟　● 渲染出图：5 分钟

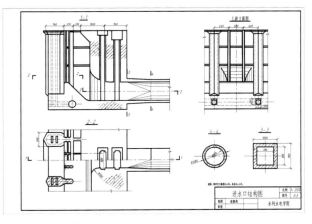
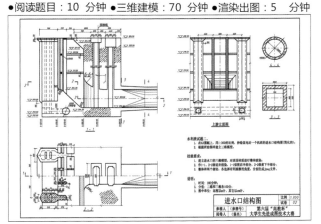

- 04 - 成果图展示

　　总共180分钟，涉及尺寸标注和图案填充等细节，所以二维需要的时间会稍微多一些。拿到题目后，最重要的是读题和读图。看清题目要求，并看懂三视图所表达的图形结构，这样在CAD补图和三维建模中可以省下很多时间。二维图形完成后，将图案导入3Ds Max中。3Ds Max虽然第一印象比CAD难学，但实际上常用的只有几个指令，跟着老师学习就不难掌握。但细节处理方面比如贴图处理、灯光布置、环境布置等，要想做得好看还需要下工夫练习。

"高教杯"全国大学生先进图形技能与产品信息建模大赛
专业结构三维设计训练成果展示

- 01 - 个人信息介绍

个人信息介绍

- 姓　　名：彭心茹
- 院　　系：动力与机械学院核电班
- 学　　号：2018302080338
- 获奖信息：第十三届高教杯成图大赛机械类建模一等奖、基础知识二等奖、团体一等奖

获奖感言：

　　一直很喜欢工图这门课程，所以对成图大赛情有独钟。老师和同学们也十分信任我，把班长这个职务交给我。今年由于疫情原因，比赛推后了几个月，专业课程和比赛的压力使我产生了许多次放弃的想法，和队友们相互鼓励，所幸最后坚持了下来，并且取得了比较满意的成绩。在备战过程中与队友们一起经历了很多有意义的瞬间，感情也因为共同目标的促进愈来愈深。十分感谢老师们和学长们的付出，和队友们一起在四教和五教练习和比赛的记忆大概永远都会熠熠生辉吧。

- 02 - 三维建模科目介绍

- 培训对象：针对一、二年级未接触三维课程的工学学生群体
- 训练目的：提升学生对专业结构的理解与读图分析能力，夯实学生专业基础；培养学生快速地进行三维设计的基础与设计技能
- 培训目标：通过100学时训练，要求学生在规定时间内，通过对整个结构的认识，按相关题目要求，完成专业结构的建模，进行材质、灯光、环境处理，最终生成效果图
- 完成时间：120分钟

- 03 - 训练资料展示

第一题 按"蜗轮减速器"各零件图的尺寸创建零件三维模型，将零件组装成装配体，并绘制出蜗轮减速器的装配图（90分）。

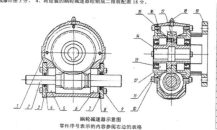

蜗轮减速器示意图

零件序号表示的内容参阅右边的表格

- ● 完成时长：120分钟
- ● 预判难度：5　分钟
- ● 战术制定：5　分钟
- ● 整体搭建：90　分钟
- ● 细节修饰：15　分钟
- ● 后期配景：5　分钟

- 04 - 成果图展示

　　这次竞赛题目没有特别难画的零件，只有1号零件略为复杂，有些细节部分一时想不出如何处理，我就先把最重要的有装配关系的特征建模，之后完成剩下的一系列零部件，等到装配、渲染和其他题目全部完成后还有一部分剩余时间，再对1号零件进行细节完善，保证在有限的时间内尽可能得分。

"高教杯"全国大学生先进图形技能与产品信息建模大赛
专业结构三维设计训练成果展示

- 01 - 个人信息介绍

- 姓　　名：张垚东
- 院　　系：动力与机械学院
- 学　　号：2018302080378
- 获奖信息：第十三届高教杯成图大赛机械类建模一等奖，团体一等奖

- 获奖感言：

　　参加成图大赛是一次难忘的经历，在长达半年的训练中，我和老师与队友一起纠错，一起进步，一起熬夜赶图，一起嘻嘻哈哈。我也想过放弃，但是大家的鼓励让我重拾信心。在这段时间内，我们大家一起向着同一个目标前进，共同学习，相互鼓励，锻炼自己。最后获奖的时候，我觉得我们这么长时间的付出都是值得的，我们收获荣誉、知识和友谊，这些都让我铭记。

- 02 - 三维建模科目介绍

- 培训对象：针对一、二年级已完成工图课程的学生群体
- 训练目的：提高学生对机械结构的理解分析能力，培养学生快速完成三维建模的能力
- 培训目标：通过100学时训练，要求学生能在规定时间内理解分析图纸，在此基础上按照题目要求，完成三维建模且对模型进行处理，最终生成工程图
- 完成时间：120分钟

- 03 - 训练资料展示

图 1-1 洗衣机减速器轴测示意图

- 完成时长：120分钟
- 预判难度：5 分钟
- 战术制定：5 分钟
- 整体搭建：90 分钟
- 细节修饰：15 分钟
- 后期配景：5 分钟

- 04 - 成果图展示

　　三维建模考验的是大家的技术、耐心和整体规划。技术方面，要熟练掌握各种建模技巧和不同方法适用的情况；耐心则是要求我们不能急躁，从训练到比赛都要稳扎稳打；整体规划则是帮助我们在最短时间内拿到最高的分数。拿这一次的决赛试题来说，题量偏大，除了极少数天赋异禀的同学，大家都是做不完的，这时我们平常扎实的基础就能帮助我们稳住心态，做好整体规划，先完成分数占比高的建模装配和工程图，等有时间了再进行细节完善，保证自己能拿到高分，发挥自己应有的水平。

"高教杯"全国大学生先进图形技能与产品信息建模大赛
专业结构图示表达训练成果展示

- 01 - 个人信息介绍

- 姓　　名：陈俊昊
- 院　　系：动力与机械学院
- 学　　号：2019302080215
- 获奖信息：第十四届高教杯成图大赛机械类
　　　　　　个人全能一等奖、团体二等奖

- 获奖感言：

　　从第二学期每周末的培训，到第三学期一个月的集训，从工图的基本知识，到三维建模的技巧，从一开始的磕磕绊绊，到比赛时的不慌不乱，成图确实令我获益匪浅。辛苦而有趣的备赛过程不仅提升了我的能力，更为我的大学生活增添了一段美好的回忆。十分幸运能够拥有这样一段经历，很荣幸能够在比赛中取得好成绩，感谢温柔的老师们，感谢可爱的同学们，感谢成图这个大家庭，感谢相遇。

- 02 - 训练资料展示

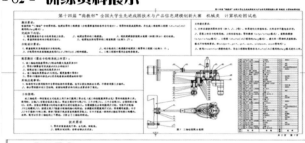

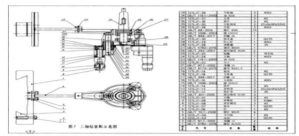

- 03 - 成果图展示

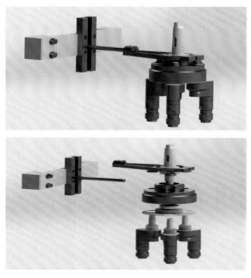

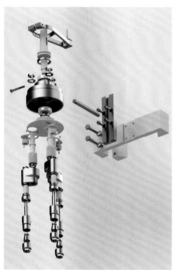

　　本次比赛题目原理简单，但是操作起来较为麻烦。比赛的零件数量也是历年来最多的。整体上没有特别难画的零件，因此对我们平时的基本功和熟练度有一定要求。我们在做题时要时刻保持紧张感，在一些较难的地方不要停留过长时间，遇到需要倒很多角或者一些复杂但又无关最终装配结果的地方都可以省略跳过。一切以做完题目为目的，这样才能保证拿高分，取得好成绩。

"高教杯"全国大学生先进图形技能与产品信息建模大赛
专业结构图示表达训练成果展示

- 01 - 个人信息介绍

- 姓　　名：张婉婷
- 院　　系：动力与机械学院
- 学　　号：2019302080136
- 获奖信息：第十四届高教杯成图大赛机械类个人全能一等奖、团体二等奖、轻量化设计二等奖

- 获奖感言：

从第二学期每周末的培训，到第三学期一个月的集训，从工图的基本知识，到三维建模的技巧，从一开始的磕磕绊绊，到比赛时的不慌不乱，成图确实令我获益匪浅。辛苦而有趣的备赛过程不仅提升了我的能力，更为我的大学生活增添了一段美好的回忆。十分幸运能够拥有这样一段经历，很荣幸能够在比赛中取得好成绩，感谢温柔的老师们，感谢可爱的同学们，感谢成图这个大家庭，感谢相遇。

- 02 - 训练资料展示

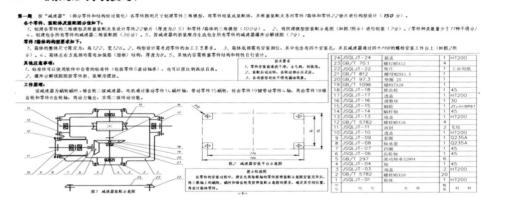

- 完成时长：180分钟
- 二维绘制：90分钟
- 环境布置：5分钟
- 阅读题目：10分钟
- 三维建模：70分钟
- 渲染出图：5分钟

- 03 - 成果图展示

三维建模除了考验建模速度和技巧，也考验了做题的策略。往年试题中往往有一些零件图不是很容易看明白，一时很难想象出零件的实际模样。这一次国赛题倒没有很复杂的零件，但题量比较大。其中有数十种标准件，但一个标准件一般只占一两分，时间不够画完所有零件时，需要学会取舍，抓住几十分的装配体和工程图，保证这部分分数拿到后有时间的话再去画标准件或完善其他细节，可以尽量做到分数最高。

"高教杯"全国大学生先进图形技能与产品信息建模大赛
专业结构图示表达训练成果展示

- 01 - 个人信息介绍

姓　　名：陈丁武

院　　系：城市设计学院建筑系

学　　号：2014301530074

获奖信息：武大第二届3D打印大赛冠军，大学生动画设计大赛国家二等奖。"高教杯"成图大赛建模二等奖，团体二等奖。

项目介绍：

　　参加成图大赛时，对建模产生了浓厚的兴趣，另外格外喜欢武大的老建筑，于是试图将武大的老建筑用电脑模型的形式还原出来，并做成一部完整的动画。

　　此项目启动于2017年，在成图大赛各位老师的指导下，至2019年已经完成老图书馆、老斋舍、樱顶文理学院、行政楼，老牌坊的制作。

　　动画由于条件不足，时间缺乏，只完成一部分。

- 02 - 参考资料展示

行政楼立面图　　　　　文学院立面图　　　　　老斋舍立面图　　　　　老图书馆立面图

- 03 - 模型源文件线稿

樱顶整体模型(1)

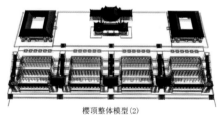

樱顶整体模型(2)

- 04 - 3D打印作品展示

行政楼3D打印作品

- 05 - 模型渲染图

老图书馆渲染图　　　　　牌坊渲染图　　　　　　老斋舍局部　　　　　樱顶局部

老图书馆局部　　　　　老斋舍局部

行政楼夜景渲染图　　　　　老斋舍渲染图

牌坊局部　　　　　老斋舍局部

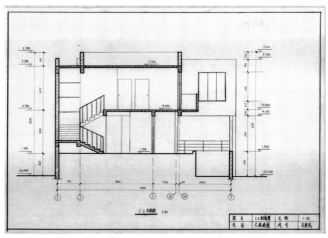

吴楚凤2019302091013

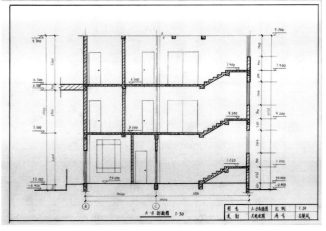

吴楚凤2019302091013

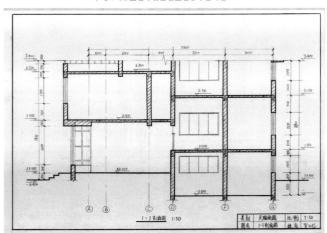

罗文杉2019302091016

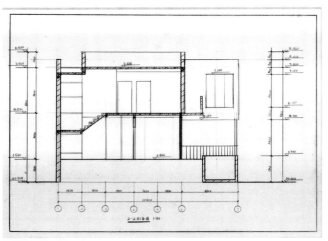

吴楚凤2019302091013

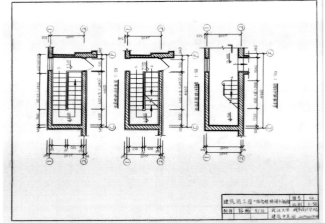

路　畅2019302091031

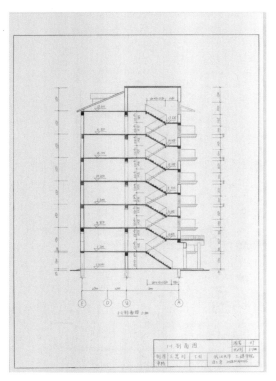

王思刘 2018302100115

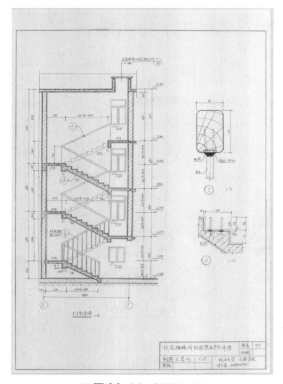

王思刘 2018302100115

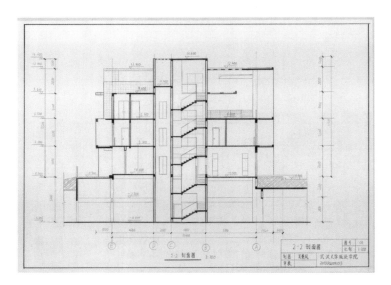

吴楚凤2019302091013

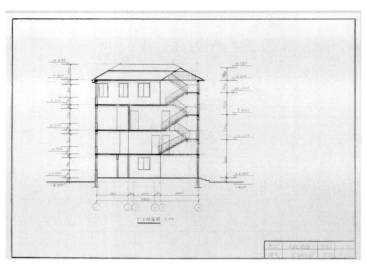

吴楚凤2019302091013

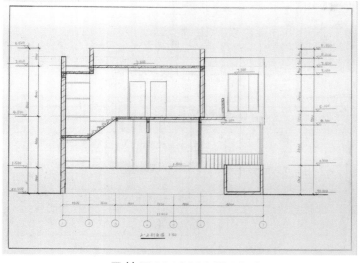

吴楚凤2019302091013

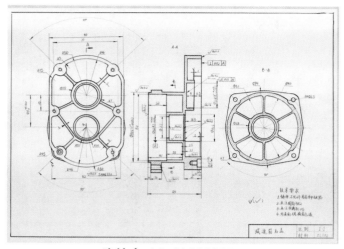

路怃宇 2019302080213

路怃宇 2019302080213

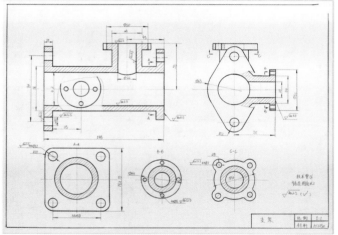

路怃宇 2019302080213

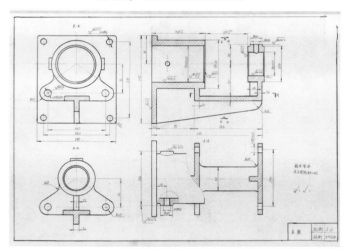

路怃宇 2019302080213

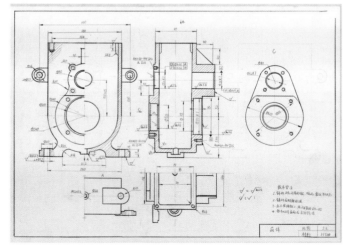

路怃宇 2019302080213

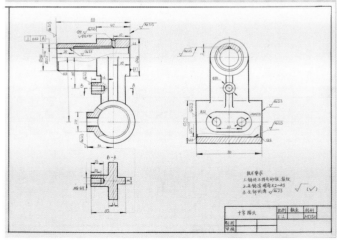

路怃宇 2019302080213

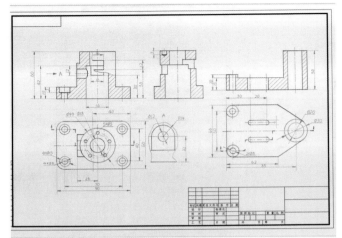
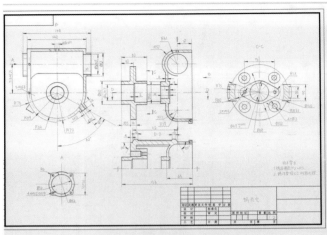

李伊彤 2018302080225

李伊彤 2018302080225

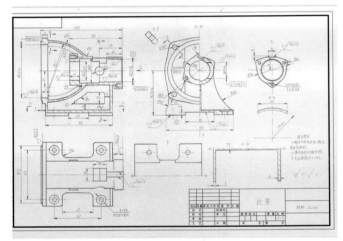
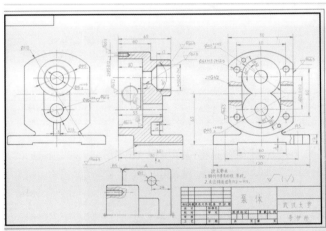

李伊彤 2018302080225

李伊彤 2018302080225

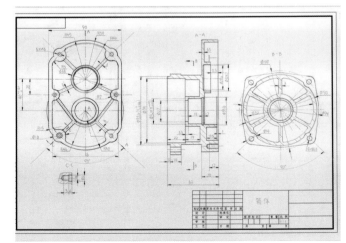
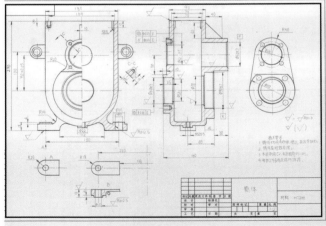

李伊彤 2018302080225

李伊彤 2018302080225

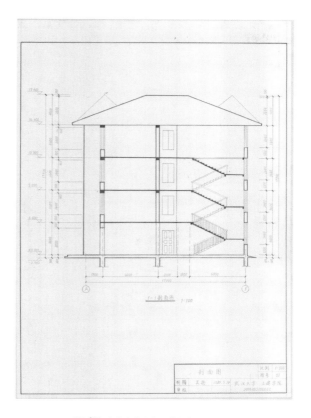

吴杨 2019302100062

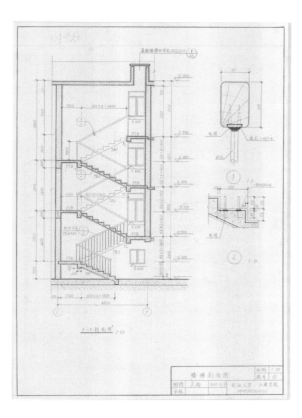

吴杨 2019302100062

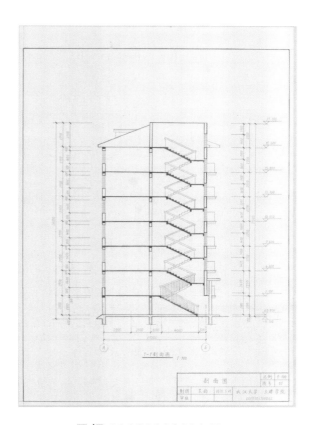

吴杨 2019302100062

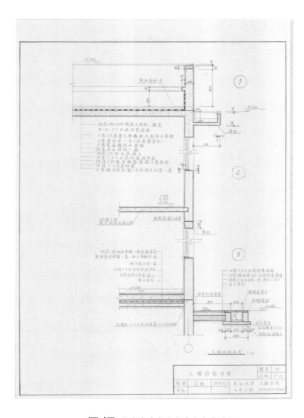

吴杨 2019302100062

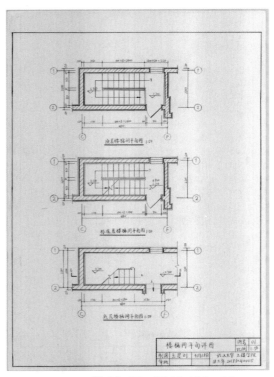

王思刘 2018302100115

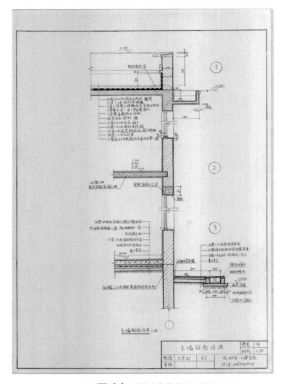

王思刘 2018302100115

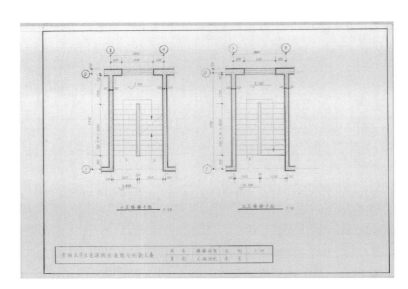

吴杨 2019302100062

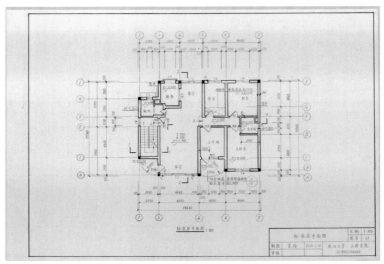

吴杨 2019302100062

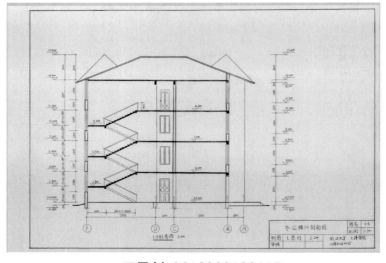

王思刘 2018302100115

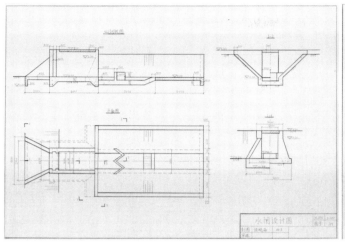

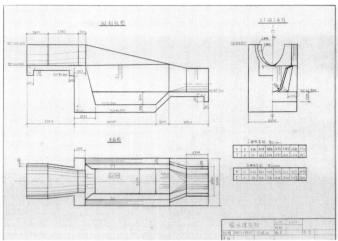

谈晓雨2018302060134

谈晓雨2018302060134

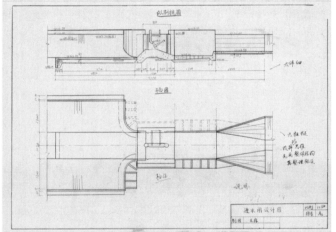

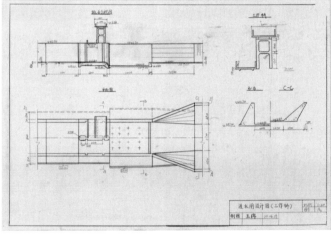

王冉2018302060113

王冉2018302060113

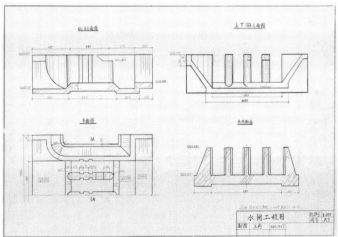

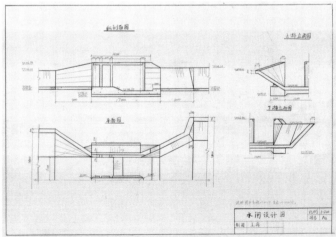

王冉2018302060113

王冉2018302060113

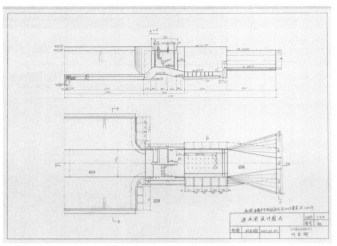

刘宏卿2018302060101

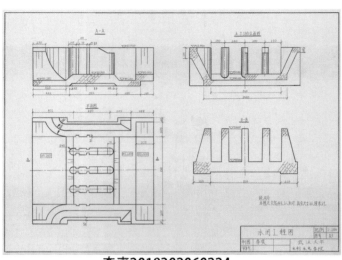

李爽2018302060224

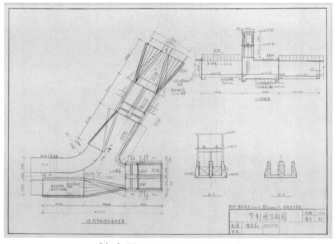

鲍家福2018302060134

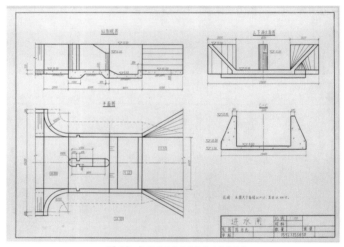

陈治光2018302060282

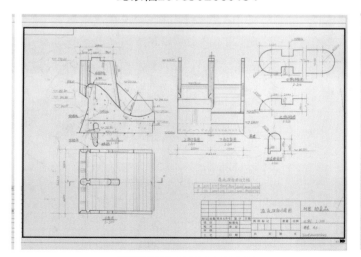

杨夏森2018302060343

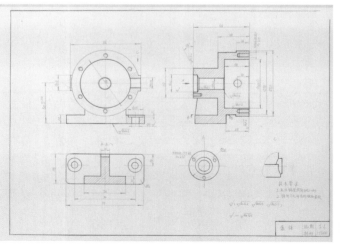

路忱宇 2019302080213

"高教杯"全国大学生先进图形技能与产品信息建模大赛
专业结构三维设计训练成果展示

2012301540062 史雅楠

2016301530091 陈昶宇

2016301530096 叶崴

2016301530090 李希冉

2014301530086 张殿恒

2016301530036 郭思辰

2016301530089 马梦艳

2016301530097 文艺

"高教杯"全国大学生先进图形技能与产品信息建模大赛
专业结构三维设计训练成果展示

2009301540053 叶豪

2018302091071 李飞扬

2012301540050 戴文博

2019302091016 罗文杉

2019302090035 张溢格

2018302091067 许琪敏

2018302091067 许琪敏

2019312090015 陈学冠

2019302100010 张瑞怡

2018302091035 王紫琳

"高教杯"全国大学生先进图形技能与产品信息建模大赛
专业结构三维设计训练成果展示

2011301390082 牛宇涵

2008302650060 赵本成

2012301360024 贾春妮

2009302650078 齐雪涛

2019302080213 路忱宇

2010301360004 郝雪

2018302080338 彭心茹

2019302080213 路忱宇

2019302080126 周小琳

2011301390047 赖梓扬

2019302080211 雷伟民

2018302080378 张垚东

"高教杯"全国大学生先进图形技能与产品信息建模大赛
专业结构三维设计训练成果展示

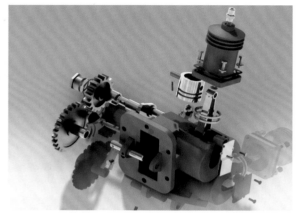

2009301390125 吴灌伦

2010301360056 杨小芳

2012301390051 李杰杰

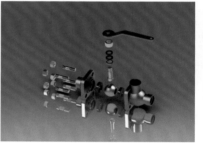

2009302650078 齐雪涛

2012301360028 杨雪

2018302080338 彭心茹

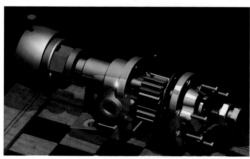

2014301390044 陈炜

2008301390112 邓成亮

2011301390047 赖梓扬

2019302080211 雷伟民

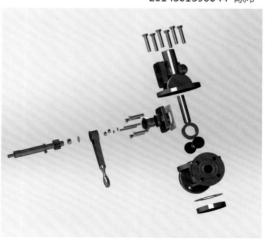

2019302080213 路忱宇

"高教杯"全国大学生先进图形技能与产品信息建模大赛
专业结构三维设计训练成果展示

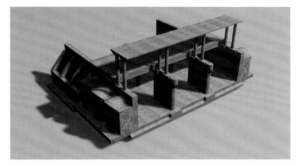

2012301580259 刘和鑫

2012301580228 王頔

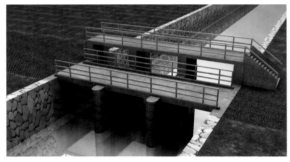

2012301580234 梅粮飞

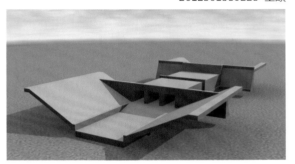

2010301580132 杨莹

2018302060113 王冉

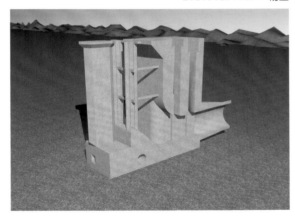

2018302060134 鲍佳福

2018302060134 鲍佳福

2018302060134 鲍佳福

"高教杯"全国大学生先进图形技能与产品信息建模大赛
专业结构三维设计训练成果展示

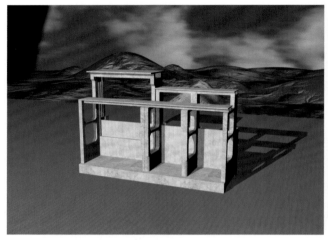

2018302060134 鲍佳福

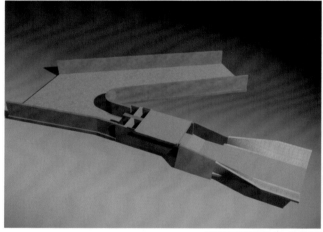

2018302060347 邱嘉琦

2018302060224 李爽

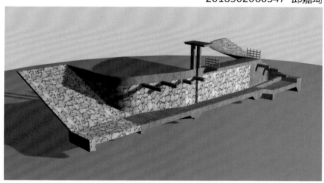

2012301580228 王顿

2010301580108 齐小静

2013301580047 严厉冰

2013301580213 张曼

2012301580228 王顿

"高教杯"全国大学生先进图形技能与产品信息建模大赛
专业结构三维设计训练成果展示

2018302100115　王思刘

2018302100117　龙礼滢

2015301550068　韩文卿

2009301550105　余鹏程

2010301550041　叶李平

2019302100062　吴扬

2019302100130　杨本乐

2009301550075　文浩

2013301550197　梁峻海

2008301550073　王逸珂

2015301550167　陈莉

2009301540035　毕绪驰

第八章 武汉大学成图学员心语墙

希望成图大赛越办越好
培育更多英才
老师们桃李满天下
　　　——Ct21 杨歆

总有一天我会超越，
即使风雪凛冽，我会更加坚决。
　　　　　高秦
　　　　　Ct21

黄才齐聚争鳌头，贵生才调更无伦。
祝成图大赛一年比一年办得好！
　　　　Ct 2021 孙瑞怡

祝武大成图再创佳绩！
　　　Ct 2016 王富瑶

祝各位恩师工作顺利，身体健康，
祝武大成图永续辉煌！
　　　2016届 吴云涛

成图十二年，感谢老师的付出和朋友的努力，
人生海海，祝大家都奋概有岸！
　　　　2018陈皋清

从成图开始，扬帆起航吧！
　　　Ct2021 鲍冬婷

祝恩师安康顺遂，祝成图弦歌不辍。
　　　——Ct 2014、宁泽宇

祝成图越办越好，
成绩再创新高
　　　Ct 2016 陈炜

奋力拼搏后，才知未来是否值得，不留遗憾。
　　　Ct 2014 吴心雅

感念武大成图，
愿美好永存！
　　　Ct 2020 王珊

祝武大成图再创辉煌！
　　　Ct 2011 所馅进

山水一程，三生有幸
愿武大成图越来越好！
　　　第八、九届成图成员
　　　蒲维强

祝成图的老师们身体健康、
万事顺意、成图越办越好。
　　　Ct 2016 十屋希冉

一朝一夕成图相伴，
一笔一划绘制传奇。
　　　2014·田文祥

武大成图，
再创辉煌。
　　　2012年水利组吕天健

祝所有成图学子节节高升，屡创佳绩！
　　　Ct 2018 邓光辉

乘风破浪会有时！
　　　2016 舒鹏

匠人苦心，风雪成图
耕耘一世，万亩桃林。
　　　09级土建文颖薇

祝所有成图学子节节高升，屡创佳绩！
　　　Ct 2018 邓光辉

152

宝剑锋从磨砺出，梅花香自苦寒来
画图很累，但奖金很香。
Ct 21

长风破浪会有时
直挂云帆济沧海
夏宇翔
Ct 21

愿武大成图团队一年更比一年棒！
Ct 21 张婷婷

苦练成熟练
勤学得博学
Ct 2020 鲍佳福

勤能补拙是良训，一分辛苦一分才。
Ct 21 虞昀倩

乘风破浪济沧海，他日勿忘化雨功。
祝成图越办越好！
Ct 21 - 张子凡

愿不负努力，定能大展宏图。
— Ct21 邵慧娜

希望你，永远保持纯粹，保持追求，保持赤忱
"明年此日青云去，却笑人间举子忙"，你现在奋斗的
是你自己的人生，加油！
Ct 2021 - 范圆圆

盛年不重来
一日难再晨
及时宜自勉
岁月不待人
Ct 21 郑淑玉

成图十二年风雨，铸就学子精魂！
詹平

祝成图越办越好，学弟学妹们越来越强！
Ct20 李逸磨

祝武汉大学成图队
越来越棒！！永远
拿第一！！
— Ct20+于思剑

感谢在成图日子中老师同学
的陪伴，武大图学让我找到
更好的自己！
— CT21 罗欣

厚积薄发
人均国一
Ct2021 杨子浩

祝成图奖金越来越多！
早日升为A类学科竞赛
Ct 21 朱思静

每一天 美一天
2018 陈子薇

祝成图团队发展壮大，集聚英才！
Ct 2020 - 吴楚风

砥砺前行，不坠青云之志。
2020 顾笑言.

成图竞赛是我最难忘的
大学经历之一
　　　　CT 2011　余鹏程

成图十二载
成就永流传
2010·鄢向军

山水一程，三生有幸
成图未来，日新月异
　　　　——王桥

张誉靓

愿武大成图越办越好
武大学子书成就人生蓝图
2021年成图学员
2011年成图学员　叶春平

百炼成钢　大展鸿图
祝武大图学再创辉煌！
　　　　2018学员 陈锴锟

愿武大成图越办越强！
　　　　Ct2020 陈俊昊

希望成图的老师们事事顺心！
武大成图冲冲，新年胜旧年。
　　　　—— Ct 2016 陈泊宇

青春似火　超越自我
2014 杨佳美

13楼凝成了我永远的成图记忆！
感恩母校！感恩詹老师！
　　　　Ct 2012 梅娅飞

成图十二载，以笔为剑，绘图成锋！
感谢老师同学们的帮助，一起书写
青春与感动！
愿武大成图越来越好！
　　　　2018·陈婕

枕笔珞珈，蘸墨东湖，全伟武大。
　　　　CT 2011 赵本威

胜利属于坚持到最后的人！
　　　　2018+徐梁

请你，相信，你的坚持，终将美好。
　　　　Ct21 杨雨霜

154